Betriebliche und unternehmerische Dimensionen
des demografischen Wandels

Hallesche Studien zu Wirtschaft und Gesellschaft

Herausgegeben von Heinz Galler, Martin Klein, Reinhard Rode, Gunter Steinmann, Walter Thomi, Christian Tietje, Alois Wenig

Band 5

Walter Thomi (Hrsg.)

Betriebliche und unternehmerische Dimensionen des demografischen Wandels

Kleine und mittlere Unternehmen in Sachsen-Anhalt im Spannungsfeld von Fachkräftemangel und neuen Absatzpotentialen

Bibliografische Information der Deutschen Nationalbibliothek
Die Deutsche Nationalbibliothek verzeichnet diese Publikation
in der Deutschen Nationalbibliografie; detaillierte bibliografische
Daten sind im Internet über http://dnb.d-nb.de abrufbar.

Gedruckt auf alterungsbeständigem,
säurefreiem Papier.

ISSN 1613-463X
ISBN 978-3-631-65066-0 (Print)
E-ISBN 978-3-653-04204-7 (E-Book)
DOI 10.3726/978-3-653-04204-7

© Peter Lang GmbH
Internationaler Verlag der Wissenschaften
Frankfurt am Main 2014
Alle Rechte vorbehalten.
PL Academic Research ist ein Imprint der Peter Lang GmbH.

Peter Lang – Frankfurt am Main · Bern · Bruxelles · New York ·
Oxford · Warszawa · Wien

Das Werk einschließlich aller seiner Teile ist urheberrechtlich
geschützt. Jede Verwertung außerhalb der engen Grenzen des
Urheberrechtsgesetzes ist ohne Zustimmung des Verlages
unzulässig und strafbar. Das gilt insbesondere für
Vervielfältigungen, Übersetzungen, Mikroverfilmungen und die
Einspeicherung und Verarbeitung in elektronischen Systemen.

Dieses Buch erscheint in einer Herausgeberreihe bei
PL Academic Research und wurde vor Erscheinen peer reviewed.

www.peterlang.com

Vorwort

Die im vorliegenden Band enthaltenen Beiträge entstanden im Kontext einer am 20.6.2013 an der Martin-Luther-Universität Halle-Wittenberg durchgeführten Fachtagung „Betriebliche und unternehmerische Dimensionen des demografischen Wandels für kleine und mittlere Unternehmen (KMU)". Diese Tagung wurde von dem mit Mitteln des Landes Sachsen-Anhalt geförderten Forschungsvorhaben „Bedeutung des demografischen Wandels für kleine und mittelständische Unternehmen in Sachsen-Anhalt" organisiert, um die eigenen Untersuchungsergebnisse nicht nur der Fachöffentlichkeit vorzustellen sondern auch um diese in einem breiteren Kontext zu diskutieren und zu bewerten.

Bei dem angesprochenen Forschungsvorhaben handelte es sich um eine angebots- und nachfrageorientierte Analyse der Ursachen, Wirkungen und Konsequenzen auf betrieblicher und sektoraler Ebene. Dem entsprechend wurde auch die Tagung ebenso wie der vorliegende Band in drei Teilen strukturiert.

In einem ersten Teil wird das allgemeine Wirkungsgefüge zwischen Demografie und Ökonomie thematisiert sowie auf die besonderen regionalen Ausprägungen der Unternehmensstrukturen in Sachsen Anhalt und damit verbundener Probleme eingegangen. Abschließend wird die Leistungsfähigkeit der Arbeitsmärkte in Sachsen-Anhalt und Thüringen diskutiert, und die damit verbundene Frage, ob die Arbeitsmärkte die durch den demografischen Wandel entstehenden Defizite (Fachkräftemangel) werden ausgleichen können.

Im zweiten Teil stehen die betrieblichen Wirkungen des demografischen Wandels im Mittelpunkt der Diskussion. Die Ergebnisse einer Betriebsbefragung zur Wahrnehmung des demografischen Wandels und zu Konsequenzen im Umgang mit diesen Wirkungen werden ebenso vorgestellt, wie Probleme und Handlungsstrategien in Bezug auf Management- und Unternehmenskontinuität.

Der dritte Teil widmet sich den eventuellen Potenzialen des demografischen Wandels durch die veränderten Nachfragestrukturen einer alternden Gesellschaft. Unter dem Stichwort „Seniorenwirtschaft" werden diese Potentiale vorgestellt und diskutiert. Ein Fallbeispiel aus Sachsen-Anhalt vertieft die Diskussion mit sektorspezifischen Beispielen aus der Bauwirtschaft, während abschließend auf die sehr heterogene Kaufkraftverteilung und die latenten Armutsrisiken innerhalb der älteren Bevölkerung verwiesen wird.

Insgesamt bestätigte sowohl die Tagung als auch der nun vorliegende Band, dass es sich bei den betrieblichen und unternehmerischen Dimensionen des demografischen Wandels um einen durchaus gravierenden und bedeutsamen Strukturwandel handelt, dessen Gestaltbarkeit nicht nur die Unternehmen selbst vor große Herausforderungen stellen wird, sondern auch die Politik, da bestehende Praktiken und Regulationen den neuen Bedingungen angepasst werden müssen. Letztlich ist auch die Regionalpolitik gefordert, da die selektive und begrenzte Funktionalität der Arbeitsmärkte mit hoher Wahrscheinlichkeit zu einer Verstärkung der bestehenden regionalen Disparitäten führen wird. Der vorliegende Band leistet einen Beitrag zum besseren Verstehen dieses Wandels und seiner betrieblichen Implikationen als Voraussetzung zu seiner verbesserten Gestaltung.

Walter Thomi (Herausgeber)

Autorenhinweise

Prof. Dr. Walter Thomi
Leiter der Fachgruppe Wirtschaftsgeographie und des Forschungsprojektes „DemoWaB" (Bedeutung des demografischen Strukturwandels für kleine und mittelständische Unternehmen in Sachsen-Anhalt) der Martin-Luther-Universität Halle-Wittenberg - walter.thomi@geo.uni-halle.de

Dr. Tamara Zieschang
Staatssekretärin im Ministerium für Wissenschaft und Wirtschaft des Landes Sachsen-Anhalt - tamara.zieschang@mw.sachsen-anhalt.de

Kay Senius
Vorsitzender der Geschäftsführung der Regionaldirektion Sachsen-Anhalt-Thüringen der Bundesagentur für Arbeit - sachsen-anhalt-thueringen@arbeitsagentur.de

Jana Meyer
Wissenschaftliche Mitarbeiterin im Forschungsprojekt „DemoWaB" (Bedeutung des demografischen Strukturwandels für kleine und mittelständische Unternehmen in Sachsen-Anhalt) der Martin-Luther-Universität Halle-Wittenberg - jana.meyer@geo.uni-halle.de

Achim Schaarschmidt
Sprecher des Netzwerks Unternehmensnachfolge Sachsen-Anhalt, Referent für Wirtschaftsförderung der Industrie- und Handelskammer Halle-Dessau - aschaarsch@halle.ihk.de

Dr. Vera Gerling
Wissenschaftliche Mitarbeiterin am Institut für Gerontologie an der Technischen Universität Dortmund und Geschäftsführerin der GER-ON Consult & Research (UG haftungsbeschränkt) - info@ger-on.de

Florian Ringel
Wissenschaftlicher Mitarbeiter im Forschungsprojekt „DemoWaB" (Bedeutung des demografischen Strukturwandels für kleine und mittelständische Unternehmen in Sachsen-Anhalt) der Martin-Luther-Universität Halle-Wittenberg - florian.ringel@geo.uni-halle.de

Dr. Herbert S. Buscher
Wissenschaftlicher Mitarbeiter des Instituts für Wirtschaftsforschung Halle (IWH), Leiter des Bereichs Datenbanken und Befragungen - herbert.buscher@iwh.de

Inhaltsverzeichnis

Vorwort... v
Autorenhinweise.. vii
Verzeichnis der Abbildungen und Tabellen xii

Teil I: Demografie und Wirtschaft

1 Unternehmen im Wirkungsgefüge des demografischen Wandels........... 3
Walter Thomi

1.1 Einleitung... 3
1.2 Die demografische Dimension...................................... 5
1.3 Demografie und Wertewandel...................................... 7
1.4 Die volkswirtschaftliche Dimension............................. 8
1.5 Die betriebliche Dimension.. 11
1.6 Die regionale/räumliche Dimension............................. 13

2 Strukturmerkmale und Perspektiven der kleinen und mittleren Unternehmen in Sachsen-Anhalt... 21
Tamara Zieschang

2.1 Ausgangssituation.. 21
2.2 Die Wirtschaftsentwicklung in Sachsen-Anhalt........... 23
2.3 Heutige Unternehmens- und Betriebsgrößenstruktur... 25
2.4 Aktuelle Herausforderungen und Handlungsperspektiven........ 27
2.5 Schlüsselfaktor Innovation... 29
2.6 Nur gefühlter Fachkräftemangel?................................. 31

3 Der demografische Wandel als Leistungsgrenze für Arbeitsmärkte? Aktuelle Erfahrungen aus Sachsen-Anhalt 33
Kay Senius

3.1 Die Typik der Arbeitsmärkte im Osten im Vergleich zum Westen.... 33
3.2 Zwischenfazit... 41
3.3 Rahmenbedingungen zur Überwindung des Fachkräftedefizits......... 41
3.4 Handlungsansätze... 44
3.5 Fazit.. 47

Teil II: Demografie und Unternehmen

4 Die Auswirkungen des demografischen Wandels auf Sachsen-Anhalts Unternehmen - Die Bedeutung älterer Arbeitnehmer.................... 53
Jana Meyer

    4.1 Demografischer Wandel in Sachsen-Anhalt... 53
    4.2 Entwicklung der SV-Beschäftigung in Sachsen-Anhalt................... 58
    4.3 Altersstrukturtypen in Unternehmen... 60
    4.4 Ältere Arbeiternehmer in kleinen und mittleren
         Unternehmen – Ergebnisse einer Unternehmensbefragung 62
    4.5. Fazit.. 71

5 Risiko Unternehmenskontinuität und Unternehmensnachfolge 77
Achim Schaarschmidt

    5.1 Einführung.. 77
    5.2 Methodik 78
    5.3 Unternehmensdemografie 79
    5.4 Problematik der Statistischen Erfassung des Übergabegeschehens ... 81
    5.5 Umfrage zum IHK-Nachfolgereport 2013... 83
    5.6 Netzwerk Unternehmensnachfolge Sachsen-Anhalt 90
    5.7 IHK-Empfehlungen zur Vorbereitung und Realisierung von
         Unternehmensnachfolgen.. 91

Teil III: Demografie und Nachfrage

6 Seniorenwirtschaft als neuer Absatzmarkt: Potentiale und Chancen für kleine und mittlere Unternehmen 99
Vera Gerling

6.1 Seniorenwirtschaft: Geschichte und Entwicklung 99
6.2 Seniorenwirtschaft: Charakteristika und Segmente 103
6.3 Ältere Verbraucher/innen: wer sind sie? 104
6.4 Aktuelle und künftige Branchen der Seniorenwirtschaft 110
6.5 Vertiefte Darstellung der Handlungsfelder Tourismus, Wohnen und Handwerk sowie Einzelhandel und Beispiele guter Praxis 112
6.6 Kleine und mittlere Betriebe im demografischen Wandel: Herausforderungen, Chancen und Lösungsansätze 120

7 Anpassungsstrategien des Baugewerbes an den demografischen Wandel in Sachsen-Anhalt 127
Florian Ringel

7.1 Einleitung: Seniorenwirtschaft & demografischer Wandel in Sachsen-Anhalt 127
7.2 Methodik 129
7.3 Empirische Ergebnisse & Best-Practice Beispiele 130
7.4 Fazit 142

8 Die zukünftige finanzielle Situation von Senioren 145
Herbert S. Buscher

8.1 Einleitung 145
8.2 Mögliche Ursachen von Altersarmut und ihre bisherige Untersuchung 146
8.3 Wie kann Armut gemessen werden? 147
8.4 Welche Personen sind besonders durch Altersarmut gefährdet? 149
8.5 Eine mögliche Projektion für das Jahr 2023 153
8.6 Zusammenfassung 155

Verzeichnis der Abbildungen und Tabellen

1 Unternehmen im Wirkungsgefüge des demografischen Wandels

Abb. 1.1: Wirkungsebenen und wechselseitige Interdependenzen von demografischen, ökonomischen und gesellschaftlichen Strukturwandel 5
Abb. 1.2: Art der betrieblichen Maßnahmen speziell für ältere Beschäftigte in Deutschland, West- und Ostdeutschland 2011 .. 13
Abb. 1.3: Bevölkerungs- und Beschäftigtenstruktur in Sachsen-Anhalt 2011 14
Tab. 1.1: Entwicklung der arbeits- und ruhestandsfähigen Alterskohorten im internationalen Vergleich 2013 – 2050 6

2 Strukturmerkmale und Perspektiven der KMU in Sachsen-Anhalt

Abb. 2.1: Anteile der Wirtschaftsbereiche Verarbeitendes Gewerbe und Baugewerbe an der Bruttowertschöpfung in Sachsen-Anhalt seit 1991 23
Abb. 2.2: Vergleich heutiger Wirtschaftsstrukturen anhand der Anteile ausgewählter Wirtschaftsbereiche an der Bruttowertschöpfung 24
Abb. 2.3: Anteile der sozialversicherungspflichtig Beschäftigten nach Betriebsgrößenklassen 25
Abb. 2.4: Anteile der sozialversicherungspflichtig Beschäftigten nach Betriebsgrößenklassen im verarbeitenden Gewerbe 26

3 Der demografische Wandel als Leistungsgrenze für Arbeitsmärkte? – aktuelle Erfahrungen aus Sachsen-Anhalt

Abb. 3.1: Exportverhalten in West- und Ostdeutschland - Determinanten und Anpassungsprozesse 34
Abb. 3.2: Sozialversicherungspflichtige Beschäftigung in Sachsen-Anhalt, 2000 bis 2012 36
Abb. 3.3: Beschäftigungsanteile der rentennahen Altersjahrgänge im Vergleich 37
Abb. 3.4: Beschäftigte (ohne Auszubildende) nach Tätigkeitsgruppen in Sachsen-Anhalt 1996 bis 2012 38

Verzeichnis der Abbildungen und Tabellen xiii

Abb. 3.5: Prognostizierte Entwicklung der Erwerbspersonen in
Sachsen-Anhalt, 2010 bis 2025... 40
Abb. 3.6: Bevölkerungspyramiden Sachsen-Anhalt 2010 und 2025......... 43
Abb. 3.7: Zahl der Schulabgänger nach Abschluss in Sachsen-Anhalt
2005 bis 2025.. 43

4 Die Auswirkungen des demografischen Wandels auf Sachsen-Anhalts Unternehmen – die Bedeutung älterer Arbeitnehmer

Abb. 4.1: Natürliche Bevölkerungsbewegung in Sachsen-Anhalt............ 54
Abb. 4.2: Wanderungssaldo in Sachsen-Anhalt...................................... 55
Abb. 4.3: Bevölkerungsentwicklung in Sachsen-Anhalt......................... 55
Abb. 4.4: Entwicklung des Erwerbspersonenpotentials in
Sachsen-Anhalt... 56
Abb. 4.5: Entwicklung Sozialversicherungspflichtig Beschäftigte........... 58
Abb. 4.6: Entwicklung Altersstruktur der SV-Beschäftigten................... 59
Abb. 4.7: Altersstrukturen in Unternehmen... 61
Abb. 4.8: Altersstruktur aller SVB... 61
Abb. 4.9: Altersstruktur befragter Unternehmen.................................... 61
Abb. 4.10: Was sind Ihrer Meinung nach Stärken älterer Mitarbeiter?....... 65
Abb. 4.11: Was sind Ihrer Meinung nach Schwächen älterer Mitarbeiter?. 66
Abb. 4.12: Maßnahmen zur Sicherung des betriebsinternen Wissens........ 67
Abb. 4.13: Nutzung von Weiterbildungsangeboten nach Alter................. 68
Abb. 4.14: Maßnahmen für ältere Mitarbeiter.. 70
Tab. 4.1: Altersspezifische Wanderungssalden in Sachsen-Anhalt
1999 – 2010.. 55

5 Risiko Unternehmenskontinuität und Unternehmensnachfolge

Abb. 5.1: Entwicklung der Altersstruktur der Unternehmer im
IHK-Bezirk Halle-Dessau... 80
Abb. 5.2: IHK-Prognose: Anzahl der übergabewürdigen Unternehmen
im IHK-Bezirk... 83

6 Seniorenwirtschaft als neuer Absatzmarkt: Potenziale und Chancen für KMU

Abb. 6.1: Prognosen der Kaufkraft und des Konsums älterer
Menschen bis 2030... 109

Abb. 6.2: Zukünftige Chancen und Risiken für verschiedene Branchen
(bis 2035) 110
Abb. 6.3: Ausgaben (älterer) Menschen für Reisen 112
Tab. 6.1: Haushaltsnettoeinkommen älterer Menschen nach der
Einkommens- und Verbrauchsstichprobe 2003 und 2008 107

7 Anpassungsstrategien des Baugewerbes an den demografischen Wandel in Sachsen-Anhalt

Abb. 7.1: Anteil der über 65-jährigen Kunden am gesamten
Kundenstamm 132
Abb. 7.2: Nachträglich angebrachte Fahrstühle für einen barrierefreien
Zugang zu Wohnungen 135
Abb. 7.3: Umfunktionierung eines Fahrradkellers in Halle (Saale)
Neustadt 137
Abb. 7.4: Beispiel für lokales Seniorenmarketing der Bau- und
Wohnungsgenossenschaft Halle - Merseburg e.G. 140
Abb. 7.5: Duschentwässerungssystem 141
Tab. 7.1: Bedarf an und Investitionsvolumen für barrierearmen
Wohnraum in Sachsen-Anhalt in den nächsten Jahren 131
Tab. 7.2: Rangfolge Wunsch nach Vermittlung von Dienstleistungen ... 133
Tab. 7.3: Wohnungszugang verschiedener Altersgruppen im Jahr 2008
für die neuen Bundesländer und Berlin-Ost 135
Tab. 7.4: Hilfsmöglichkeiten in der Wohnung von Senioren aus
Sachsen-Anhalt 137
Tab. 7.5: Beurteilung der Option „veränderte Werbung" zum Erhalt
beziehungsweise Verbesserung des Absatzes des Produkts
beziehungsweise der Dienstleistung nach Branche 139

8 Die zukünftige finanzielle Situation von Senioren

Tab. 8.1: Mögliche Erklärungsfaktoren für die
Regressionsschätzungen 151
Tab. 8.2: Regressionsergebnisse für Personen ab 65 Jahre für ihr
Einkommen und ihre Renten 2007 152
Tab. 8.3: Anteil der Personen zwischen 65 und 70 Jahren unter der
Armutsgrenze in Prozent 154

Teil 1
DEMOGRAFIE UND WIRTSCHAFT

Unternehmen im Wirkungsgefüge des demografischen Wandels

Walter Thomi

Abstract

Der Beitrag verdeutlicht mit Hilfe eines Modells die Wirkungszusammenhänge zwischen Demografie und Gesellschaft und beschreibt Merkmale des demografischen Wandels auf internationaler und nationaler Ebene. Die volkswirtschaftliche Dimension wird insbesondere in Bezug auf ihre Gestaltbarkeit thematisiert. Als Stellschrauben werden die Verlängerung der Lebensarbeitszeit, die Erhöhung der altersspezifischen Erwerbsquoten und eine Erhöhung der Arbeitsproduktivität diskutiert. Der Diskussionsstand zur betrieblichen Dimension des Wandels wird ebenso angesprochen wie abschließend sein räumlich und regional sehr heterogenes Wirkungsgefüge.

1.1 Einleitung

Eigentlich handelt es sich um ein die Menschheitsgeschichte in verschiedensten Variationen immer schon begleitendes Phänomen: Natürliche und gesellschaftliche Entwicklungen beeinflussten die Bevölkerungsentwicklung ebenso wie diese wiederum Rückwirkungen auf die gesellschaftlichen Entwicklungen nahm (TÖBBE 2000). Häufig waren es in früheren Zeiten limitierende Erträge oder Ernteausfälle, die eine Population begrenzten oder gar reduzierten. Klimatische Warmphasen mit besseren Erträgen führten dagegen zu Bevölkerungswachstum (RÖSENER 2010; BEHRINGER 2007) und Ausdehnung der Ökumene. Stets waren damit inkrementale oder auch radikale Veränderungen im gesellschaftlichen Gefüge verbunden. Die schwarze Pest im Mittelalter reduzierte Europas Bevölkerung in erheblichem Maße. Die damit verbundene Verknappung von Arbeitskräften führte in England zu Konzessionen des Feudaladels gegenüber den Bauern, woraus sich in einer komplexen, keinesfalls deterministischen Wirkungskette die Voraussetzungen entwickelten, die letztlich dann im 18.Jahrhundert zur Herausbildung der industriellen Revolution in diesen Regionen führte (ACEMOGLU, ROBINSON 2013, S.132ff).

Die Bedeutung der natürlichen Restriktionen nahm mit der aufkommenden Industrialisierung und den verbundenen gesellschaftlichen Veränderungen deutlich ab. Gleichzeitig reduzierten hygienische und medizinische Verbesserungen die Sterberisiken, so dass es im 19. Jhdt. zu einer Bevölkerungszunahme kam.

Die Verbesserung der Lebensverhältnisse, aber vor allem auch die Vergesellschaftung der Krankheits- und Altersrisiken führte dann im weiteren Verlauf zu einem erheblichen Rückgang der Geburtenraten und damit des Bevölkerungswachstums in den betroffenen Regionen. Dieser Prozess wurde häufig als Modell des demografischen Übergangs beschrieben (BÄHR et al 1992, S.479ff) und thematisiert die Bevölkerungsentwicklung als Folge des ökonomischen und gesellschaftlichen Wandels.

Die sich in der zweiten Hälfte des 20. Jahrhunderts sozial, politisch und ökonomisch positiv stabilisierenden und entwickelnden Lebensverhältnisse in den sogenannten industrialisierten Volkswirtschaften individualisierten einerseits die Lebensstile wodurch sich auch die Fertilität der Frauen kontinuierlich reduzierte (MÜNZ 2007). Anderseits stieg die Lebenserwartung der Bevölkerung ebenso kontinuierlich an. Während Demografen schon frühzeitig von einer zweiten demografischen Transition sprachen, rückte das Problem in Deutschland erst zu Beginn des neuen Jahrtausends in das Bewusstsein einer breiteren Öffentlichkeit (SCHIRRMACHER 2004). Hierbei wurden zunächst die Konsequenzen für den „Generationenvertrag" (Rente mit 67 etc,) sowie Probleme der Versorgung älterer Menschen generell (FUSSEK et al 2005) aber auch in spezifischen Regionen thematisiert (MAI et al 2007). Die Wirkungen dieses Wandels auf die arbeitende Bevölkerung und die Unternehmen wurden trotz der über die Arbeitsmärkte vermittelten Mobilitätsprozesse zunächst vor allem als Gastarbeiterproblematik oder Fachkräftemangel wahrgenommen (BAUER et al 2004, Engel et al 2007).

Nun ist das Wirkungsgefüge zwischen einer sich verändernden Population und den damit korrespondierenden gesellschaftlichen Verhältnissen weitaus komplexer, als es in der medialen Öffentlichkeit dargestellt und wahrgenommen werden kann.

Mit Hilfe eines einfachen Schemas sollen diese Wirkungsketten zunächst einmal systematisiert und anschließend diskutiert werden, um solchermaßen das Verständnis für die Komplexität der Wirkungszusammenhänge zu vertiefen.

Gesellschaft wird dabei verstanden als eine Struktur in der die Mitglieder mit Hilfe von Wertesystemen (Institutionen) in regulierenden und produzierenden Organisationen sich individuell und kollektiv reproduzieren. Dabei korrespondieren Wertesysteme und Organisationen mit den jeweils zur Verfügung stehenden materiellen und immateriellen Ressourcen.

Unternehmen im Wirkungsgefüge des demografischen Wandels 5

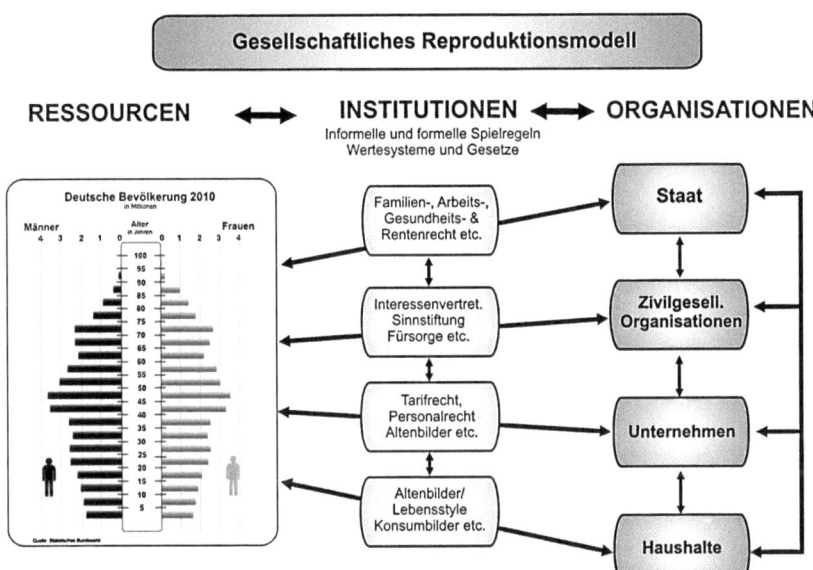

Abb. 1.1: Wirkungsebenen und wechselseitige Interdependenzen von demografischen, ökonomischen und gesellschaftlichen Strukturwandel (eigene Darstellung).

Betrachtet man nun zunächst die Bevölkerung als sich verändernde Ressource, so beschreibt die Demografie deren Merkmale und Zustandsveränderungen, woraus sich die demografische Dimension oder Perspektive ergibt. Die Entwicklungsdynamik der Ressource Bevölkerung steht nun in einem direkten und indirekten Wirkungsgefüge mit dem gesellschaftlichen Wertesystem und den diese tragenden Organisationen. Es ist das Ziel des vorliegenden Beitrags diese Dynamik insbesondere in Hinblick auf die Unternehmen zu diskutieren.

1.2 Die demografische Dimension

Der Bevölkerungsstand, ihr Altersaufbau und die verursachenden Faktoren (Fertilität, Morbidität, Mobilität etc.) stehen traditionell im Mittelpunkt der demografischen Betrachtung. Demzufolge wuchs die in Deutschland lebende Bevölkerung bis Ende 2012 trotz eines Geburtendefizits von 196.038 Personen aufgrund des Zuwanderungssaldos von plus 279.207 gegenüber dem Vorjahr um 196.000 Einwohner auf 80,5 Mio. Personen an (STATISTISCHES BUNDESAMT 2013). Anhaltend niedrige Geburtenziffern (2011 1,36 Kinder/Frau) und ebenso anhaltend steigende Lebenserwartungen (2011 männlich 77,7 Jahre, weiblich 82,7Jahre) verändern die Altersstruktur insbesondere der deutschstämmigen Bevölkerung mit weitreichenden Konsequenzen, über die weiter unten zu sprechen sein wird.

Ein rascher Blick über den Tellerrand zeigt zunächst eine noch kontinuierlich wachsende Weltbevölkerung von gegenwärtig (Mitte 2013) 7,3 Mrd. die mit sich abschwächenden Wachstumsraten im Jahre 2100 wohl die 10 Mrd. Grenze überschritten haben wird. Natürlich findet dieses Wachstum fast ausschließlich in den wenig entwickelten Volkswirtschaften Afrikas und Asiens statt (UNITED NATIONS 2013, S.24ff). Allein in Afrika wird die Bevölkerung bis 2050 um 1,3 Mrd. Menschen zunehmen während in Europa gemäß der UN-Prognose die Bevölkerung im gleichen Zeitraum um cirka 33 Mio. abnehmen wird. Europa wird dann nur noch 7,4 Prozent der Weltbevölkerung stellen. Aber auch innerhalb Europas verläuft die demografische Entwicklung sehr unterschiedlich.

Während Deutschland zwischen 2013 und 2050 einen Bevölkerungsrückgang von -12,3 Prozent erwartet, wächst die Bevölkerung in Frankreich (+ 13,8 Prozent) und Großbritannien (+15,8 Prozent) im gleichen Zeitraum, so dass in der Konsequenz im Jahr 2050 Frankreich und Großbritannien Deutschland als bevölkerungsreichstes Land Europas abgelöst haben werden. In Bezug auf das Durchschnittsalter und dessen Entwicklung erreicht Deutschland im Jahr 2050 mit einem Durchschnittsalter von 51,5 Jahren einen europäischen Spitzenwert, wird allerdings von Japan mit einem Durchschnittsalter von 53,4 noch übertroffen.

Tabelle 1.1: Entwicklung der arbeits- und ruhestandsfähigen Alterskohorten im internationalen Vergleich 2013 – 2050 (United Nations 2013, S.66ff)

	Anteil der 15- bis 59-Jährigen an der Gesamtbevölkerung (Prozent)		Anteil der über 59-Jährigen an der Gesamtbevölkerung (Prozent)		Durchschnittsalter (Median)	
	2013	2050	2013	2050	2013	2050
Deutschland	59,8	47,8	27,1	39,6	45,5	51,5
Frankreich	57,7	52	24,1	31,0	40,6	43,4
Italien	58,8	47,4	27,2	38,7	44,3	49,9
Vereinigtes Königreich	59,2	52,6	23,3	30,7	40,2	43,3
Japan	54,6	44,8	32,3	42,7	45,9	53,4

Betrachtet man die Entwicklung der arbeits- und ruhestandsfähigen Alterskohorten im internationalen Vergleich, so erreicht der relative Rückgang der arbeitsfähigen Bevölkerung in Deutschland ebenso wie die relative Zunahme der ruhestandsfähigen Alterskohorte wiederum europäische Spitzenwerte, die nur vom außereuropäischen Japan übertroffen werden, wo der demografische Wandel oder die Alterung der Gesellschaft in noch ausgeprägteren Dimensionen stattfindet (COULMAS 2007).

Natürlich haben und hatten diese auf nationaler Ebene durchaus heterogenen Entwicklungen Konsequenzen sowohl für die jeweils betroffenen Gesellschaften als auch für die Staatengemeinschaften (KLINGHOLZ, SIEVERT 2013) und die Weltwirtschaft insgesamt. Für Deutschland kamen beispielsweise 1950 noch 6,2 Erwerbspersonen auf einen Rentner, 2013 waren es noch 2,9 und 2060 wird eine Zahl von nur noch 1,5 Erwerbspersonen pro Rentner erwartet (HOFMAN et al 2013), was natürlich die bestehenden Regulierungen in Bezug auf die Lebensarbeitszeit und damit verbundener Rechte und Pflichten radikal in Frage stellen wird. Wie sich der kurz beschriebene demografische Wandel nun in Deutschland auf verschiedene Ebenen des Wirtschaftlichen auswirkt soll nachfolgend diskutiert werden.

1.3 Demografie und Wertewandel

Die mit abnehmender Fertilität und steigender Lebenserwartung verbundenen Alterungseffekte der Bevölkerung modifizieren die diesbezüglich bestehenden informellen und formellen Institutionen und die sie tragenden Wertevorstellungen. Augenfällig sind Veränderungen in Wahrnehmung und Interpretationen der älteren Bevölkerung, den sogenannten Altenbildern. Diese historisch gewachsenen sozialen Konstruktionen zur älteren Bevölkerung verschieben sich nicht nur inkrementell, sondern korrespondieren auch mit spezifischen gesellschaftlichen Formationen.

So galten die Älteren in der Antike als Weise, im Mittelalter galten sie als Greise während sie in der Industriegesellschaft zu Rentnern wurden und in der postindustriellen Dienstleistungs- oder Informationsgesellschaft letztlich zu Best-Agern (klugen Genussmenschen) avancierten (u.a. HÖFFE 2009; WAGNER-HASEL 2009).

Natürlich differenzieren sich diese generellen Altersbilder in eine Vielzahl von situationsspezifischen Altersbildern wie mediale, betriebliche, religiöse, soziale und politische Altersbilder (ROTHERMUND 2009; THIMM 2009; BACKES-GELLNER 2009, SUCKALE 2009; EHMER 2009). Eine besondere Bedeutung kommt in der heutigen Zeit den medialen Altersbildern zu, da diese breitenwirksam einen maßgeblichen Anteil an der Veränderung und Gestaltung der altenbezogenen Werte aber auch deren formellen Rechte haben.

Neben mehr traditionellen Berichten über bestehende Benachteiligungen (z.B. BORSTEL 2012, BAUMANN 2013), drohender Altersarmut (z.B. GOTTHOLD u.a. 2013) und sich abzeichnenden Pflegenotständen (z.B. NIENHAUS 2011) bilden vor allem die sozialpolitischen Konsequenzen des Alterungsprozesses (Wer soll das bezahlen?) den Hintergrund von neueren Berichten. Diese versuchen einerseits generell positive Deutungen alternder Gesellschaften (HORX 2013, HÜTHER 2013) vorzunehmen bzw. verweisen auf nötige gesamtgesellschaftliche (z.B. MEISTER 2013, VAUPEL 2013) und betriebliche Konsequenzen (z.B. DIETZ 2012, KLOEPFER 2013). Andererseits wird auch auf veränderte Nachfragestrukturen (KAPALSCHINSKI 2013) verwiesen.

Während der demografische Wandel bei den Parteien und ihren Programmen sich zuallererst immer noch als Fachkräftemangel artikuliert (z.B. CREUTZBURG 2013), hat sich die wissenschaftliche Auseinandersetzung mit der Thematik in den letzen Jahren ganz wesentlich vertieft (KOCKA, STAUDINGER 2009), was in den nachfolgenden Abschnitten verdeutlicht wird.

1.4 Die volkswirtschaftliche Dimension

Die Bevölkerung Deutschlands mit gegenwärtig (2013) cirka 80 Mio. Einwohnern wird bis 2060 nur noch 65-70 Millionen umfassen, wobei der Anteil der erwerbsfähigen Personen (20 - <65 Jahre) von cirka 50 Mio. (2012) bis 2060 auf 36 Mio. zurückgeht und der Anteil der 50 - < 65-jährigen innerhalb dieser Gruppe auf 37 Prozent ansteigt. Gleichzeitig steigt die Zahl der Rentner (65+) von 2013 17,1 Mio. bis 2060 auf 22 Mio. (STATISTISCHES BUNDESAMT 2009).

Bei einer durchschnittlichen Erwerbstätigenquote von 71 Prozent im Jahr 2010 (BUNDESAGENTUR FÜR ARBEIT 2012, S.7) würden bei konstanter Quote im Jahr 2060 cirka 25,6 Mio. Erwerbstätige das an Gütern und Dienstleistungen produzieren müssen, was dann 22 Mio. Rentner, 36 Mio. Erwerbsfähige sowie cirka 10 Mio. Jugendliche benötigen. Mit anderen Worten müsste ein Erwerbstätiger 2060 unter diesen Annahmen so viel an Gütern und Dienstleistungen produzieren, dass davon 2,65 Personen leben könnten. 2012 lag diese Zahl bei 2,19 Personen. Es wäre also unter sonst gleichen Bedingungen eine Steigerung der Produktivität der Erwerbspersonen um insgesamt 21 Prozent nötig, um das bestehende Versorgungsniveau aufrecht zu erhalten. Mit anderen Worten würde die Pro-Kopf-Versorgung der Bevölkerung mit Gütern und Dienstleistungen durch den demografischen Wandel bis 2060 um 21 Prozent zurückgehen, wenn nichts unternommen würde. Diese Langzeitbetrachtung unterschlägt noch eine besondere Belastungsphase zwischen 2020 bis 2030, wenn die sogenannten „Babyboomer" (Altersjahrgänge 1955 -1965) in den Ruhestand gehen (HANK, SEIDL 2013). Diese einfache Extrapolation verdeutlicht den dringenden Handlungsbedarf, wenn man nicht eine kontinuierlich zurückgehende Pro-Kopf-Versorgung in Kauf nehmen will. Nun sind diese Wirkungen des demografischen Wandels keine Unabänderlichen sondern sie können durch entsprechende Maßnahmen modifiziert oder gar neutralisiert werden. Diese sollen im Nachfolgenden kurz diskutiert werden, da sie die betriebliche Dimension des demografischen Wandels beeinflussen.

Wirkungsebene 1: Verlängerung der Lebensarbeitszeit

Die in Deutschland vorgesehene Anhebung des Renteneintrittsalters auf 67 Jahre erbringt zunächst eine Erhöhung der Erwerbsbevölkerung um cirka 2 Mio. (STATISTISCHES BUNDESAMT 2009). Da die Beschäftigungsquote der Altersgruppe 60-60+ im Jahr 2010 bei 40,8 Prozent (BUNDESAGENTUR FÜR ARBEIT 2012) lag, würde sich bei Übertragung dieser Zahl ein Zusatz von immerhin noch 0,8 Mio. ergeben. Dies ist als ein zwar notwendiger aber keinesfalls hinreichender Beitrag zur Entspannung der zukünftigen Beschäftigungs- und Versorgungssituation, der in extremen Maß von der politischen Durchsetzbarkeit abhängig ist. Da es sich hier um eine Veränderung des Besitzstandes der arbeitenden Bevölkerung handelt, deren Wahlverhalten nicht immer einem gesamtgesellschaftlichen Handlungsrational folgt, ergeben sich für die am Willensbildungsprozess beteiligten Parteien erhebliche Risiken und die Option opportunistischen Verhaltens zur Kompensation derartiger Risiken.

Wirkungsebene 2: Erhöhung der altersspezifischen Erwerbsquoten

Wie bereits angedeutet, beeinflusst die Entwicklung der Erwerbsquote insgesamt, aber insbesondere auch der alters- und geschlechtsspezifischen Erwerbsquoten das Arbeitsvolumen und damit das Versorgungsniveau in einer Volkswirtschaft. Zwischen 2000 und 2010 entwickelte sich die Erwerbsquote der 15-<65-jährigen von 65,4 Prozent auf 71 Prozent. Die Erwerbsquote der Altersgruppe 50-<64 stieg im gleichen Zeitraum von 48,5Prozent auf 66,1Prozent und besonders eklatant war der Anstieg in der Altersgruppe 60-<65 von 19,9 auf 40,8Prozent (BUNDESAGENTUR FÜR ARBEIT 2012, S.7). Die OECD sieht darin einen Erfolg der Beschlüsse zur Rente mit 67 sowie der Streichung diverser Frühverrentungsprogramme (CREUTZBURG 2012).

Aber es sind nicht nur die Arbeitsmarktreserven der Älteren, die sich über eine Veränderung der regulatorischen Rahmenbedingungen beeinflussen lassen. Einer HWWI-Studie zufolge besteht in Deutschland auch ein ungenutztes Arbeitskräftepotenzial von 8,4 Mio. Menschen, von denen sich 2,17 Mio. durch verschiedene Maßnahmen aktivieren ließen. Dabei handelt es sich um Frauen mit Kind (39 Prozent), Ältere (22 Prozent), Langzeitarbeitslose (14 Prozent), Ehefrauen (12 Prozent), Migranten (5 Prozent), Akademiker (5 Prozent) und Jugendliche (3 Prozent) (Boll et al 2013). Die Realisierung dieser Potenziale hängt natürlich ganz wesentlich von der Ausgestaltung entsprechender familien- und arbeitsmarktpolitischer Instrumentarien ab. Das bestehende Instrumentarium zur Reintegration in den Arbeitsmarkt ist bis auf einzelne Fördermaßnahmen (Eingliederungszuschuss § 421f SGB III/ Entgeltsicherung nach § 421j) nicht altenspezifisch ausgerichtet, allerdings treffen die im Sozialgesetzbuch III häufig benannten und eine spezifische Förderung begründenden Vermittlungshemmnisse besonders oft auf ältere Menschen zu, so dass hier von einer implizit starken Förderung ausgegangen werden kann (ROSS, WALSER 2009).

Insgesamt werden von einer höheren Erwerbsbeteiligung älterer Menschen in einer Studie langfristige Wachstumseffekte von immerhin bis zu 0,4 Prozentpunkten pro Jahr erwartet (BACHMANN et al 2012). Auch hier gilt wiederum insgesamt, dass die Erhöhung der Erwerbsquote ein notwendiges aber keinesfalls hinreichendes Handlungsfeld einer auf die Reduzierung der negativen wirtschaftlichen Folgen des demografischen Wandels abzielenden Politik sein muss.

Wirkungsebene 3: Erhöhung der Arbeitsproduktivität

Eine Steigerung des Outputs pro Beschäftigten oder eine Senkung der Stückkosten geht in der Regel einher mit kapitalintensiven Innovationen. Insofern könnte der demografische Wandel mit seiner tendenziellen Verknappung von Arbeitskräften durchaus für eine verstärkte Substitution von Arbeit durch Kapital und damit zu entsprechenden Produktivitätsfortschritten in der Wirtschaft führen. Allerdings wird diese etwas optimistische Sichtweise in Bezug auf die Produktivitätsentwicklung in alternden Gesellschaften in den Wirtschaftswissenschaften wenig geteilt (FEHR 2009). Vielmehr dominiert hier die Diskussion um die Arbeitsproduktivitätsentwicklung bei älteren Menschen eine mehr mikroökonomische Perspektive. Im Gegensatz zu den landläufigen Vorstellungen von einer mit dem Alter abnehmenden Arbeitsproduktivität verweisen jüngere Studien auf ein sehr viel differenzierteres Bild. Zwar nehmen die körperliche Leistungsfähigkeit und die messbaren kognitiven Fähigkeiten mit zunehmendem Alter ab (KLOEPFER 2013), gleichzeitig wächst aber auch das Erfahrungswissen (HECKEL 2013). In dieser Konsequenz wurde die Leistung von altersgemischten Arbeitsteams untersucht und es konnte eine altersbedingte Fehlerzunahme der Teams beobachtet werden, die allerdings durch den Erfahrungseffekt wieder neutralisiert wurde (BÖRSCH-SUPAN et al 2009). Die sich aus diesen Ergebnissen ergebenden Handlungsfelder konstituieren sich allerdings auf der betrieblichen Ebene, während gesamtgesellschaftlich hier die weiter oben bereits angesprochenen Maßnahmen unterstützend wirken können.

Wirkungsebene 4: Branchenstruktur und Seniorenwirtschaft
Eine weitere Wirkungskette des demografischen Wandels besteht in den sich verändernden Nachfragestrukturen. Unter dem Stichwort Seniorenwirtschaft werden darunter spezifische Güter und Dienstleistungen subsumiert, die insbesondere von den Älteren nachgefragt werden. Es wird davon ausgegangen, dass sich der Wandel in den Nachfragestrukturen auch auf die angebotsseitigen Branchen- und Beschäftigungsstrukturen auswirken wird. BÖRSCH-SUPAN (2009) ermittelt auf Basis der altersspezifischen Konsumausgaben eine Zunahme der Beschäftigung in den Bereichen Gesundheit und Körperpflege (+7 Prozent), während die Beschäftigungsabnahme im Verkehrssektor 5 Prozent beträgt. Insgesamt ergeben sich Veränderungen von 18 Prozent, d.h. dass fast 20 Prozent der Arbeitsplätze umgeschichtet werden. Unabhängig von diesen sektoralen Strukturverschiebungen ergeben sich natürlich auf der Produkt- und Dienstleistungsebene eine Vielzahl von innovativen Möglichkeiten (KAPALSCHINSKI 2013).

1.5 Die betriebliche Dimension

Der demografische Wandel wird in den nächsten Jahren zunehmend mehr zu tiefgreifenden Veränderungen in der Arbeitswelt führen (HECKEL 2013). Einer aktuellen Studie (Befragung von 116 Unternehmen mit cirka 700.000 Mitarbeitern) zufolge nehmen 70 Prozent der befragten Personalverantwortlichen den demografischen Wandel als für ihr Unternehmen relevant war. Dabei werden der Fach- und Führungskräftemangel (53 Prozent) und die Altersstruktur der Belegschaft (67 Prozent) als resultierende Problemfelder wahrgenommen. Allerdings führten nur 33 Prozent der Unternehmen bereits Maßnahmen zur Entschärfung der Probleme durch (Schwinger 2013). Zu ähnlichen Ergebnissen kommt eine frühere Befragung im Rhein-Main-Gebiet (EOPINIO 2012): 78 Prozent weisen der Thematik hohe Bedeutung zu, aber 81 Prozent führt keine diesbezüglichen Maßnahmen durch.

Natürlich sind es die größeren Unternehmen, die hier aktiv werden und versuchen, zuvorderst den bestehenden und sich verschärfenden Fachkräftemangel (vor allem die Experten in naturwissenschaftlich- technischen Berufen) insbesondere durch Aktivierung und Reaktivierung der älteren Fachkräfte zu begegnen. So arbeiten Rentner bei Bosch als Seniorenberater und beim Chemieunternehmen Bayer sind 230 Pensionäre als interne Berater tätig. Gleiche oder ähnliche Konzepte werden von anderen Großunternehmen verfolgt (HOFMANN et al 2013; TERPITZ 2013). So verdoppelte sich die Zahl der arbeitenden Rentner von 2001-2011 auf 760.000, was allerdings nur einer Erwerbsquote von 7,2 Prozent der 65 – 74-jährigen entspricht (TERPITZ 2013). Trotz dieser durchaus positiven Entwicklung und steigender Erwerbsquoten für Ältere beschäftigen nur 60 Prozent der Betriebe in Deutschland ältere Arbeitnehmer (>50 Jahre) (HARTLAPP, SCHMIDT 2009, S.94), wobei dies in der überwiegenden Mehrzahl bei Unternehmen mit mehr als 50 Beschäftigten der Fall ist (BACKES-GELLNER 2009, S.14). Grundsätzlich sind die Handlungs- und Gestaltungsoptionen in Bezug auf ältere Mitarbeiter bei Großbetrieben sicherlich günstiger einzustufen als es bei kleineren und mittleren Unternehmen (KMU) zu erwarten steht, da erstere über Personalabteilungen in einer Größenordnung verfügen, die eine professionelle Spezialisierung und Betreuung der Altersproblematik erlauben, was bei letzteren deutlich weniger angenommen werden kann.

Gleichwohl bestätigt eine aktuellere Studie auch bei KMU's Handlungsbedarf indem sie einen besonders hohen Anteil von Älteren in sogenannten Kleinstbetrieben feststellt (BECHMANN et al 2012, S.45).

Von sozialpolitischer Bedeutung für eine positivere Wertschätzung älterer Mitarbeiter sind die Untersuchungen zur Entwicklung ihrer Arbeitsproduktivität. Auf Basis empirischer Evidenz wurde deutlich, dass ältere Arbeitnehmer insbesondere aber nicht nur in altersgemischten Teams keinen Vergleich mit jüngeren Kollegen zu scheuen brauchen, da insbesondere ihr Erfahrungswissen altersbedingte kognitive Defizite kompensieren (u.a. VEEN et al 2009, BÖRSCH-SUPAN et al 2008). Vor dem Hintergrund knapper werdender Fachkräfte kommt natürlich der Pflege und dem Erhalt der Arbeitskraft älterer Mitarbeiter eine besondere Bedeutung zu. Obwohl die Zahl der diesbezüglich aktiven Unternehmen insgesamt nicht sehr bedeutsam ist und stagniert (2002 20 Prozent, 2011 18 Prozent der Betriebe; BECHMANN et al 2012, S.46) und es sich hier vor allem um größere Unternehmen handelt, kommt ihnen jedoch als Pionierunternehmen insgesamt eine besondere Bedeutung zu.

Im Gegensatz zu der auf Daten von 2002 beruhenden Untersuchung von BOOCKMANN et al (2012), die noch Teilzeit-Modelle mit 36 Prozent als dominierende Maßnahme für ältere Beschäftigte aufzeigte, zeigen die o. a. Ergebnisse der Studie von BECHSTEIN et al (2012) für 2011 ein ausdifferenziertes Bild an Maßnahmen für ältere Mitarbeiter. Insgesamt kommt aber auch diese Studie auf Basis des niedrigen Niveaus von Personalmaßnahmen spezifisch für ältere Arbeitnehmer zu dem Schluss, dass die Alterung der Belegschaften für die überwiegende Mehrzahl der Betriebe wohl noch keine nennenswerten Personalprobleme generiert hat, da ansonsten erheblich mehr Betriebe spezifische Maßnahmen durchgeführt hätten.

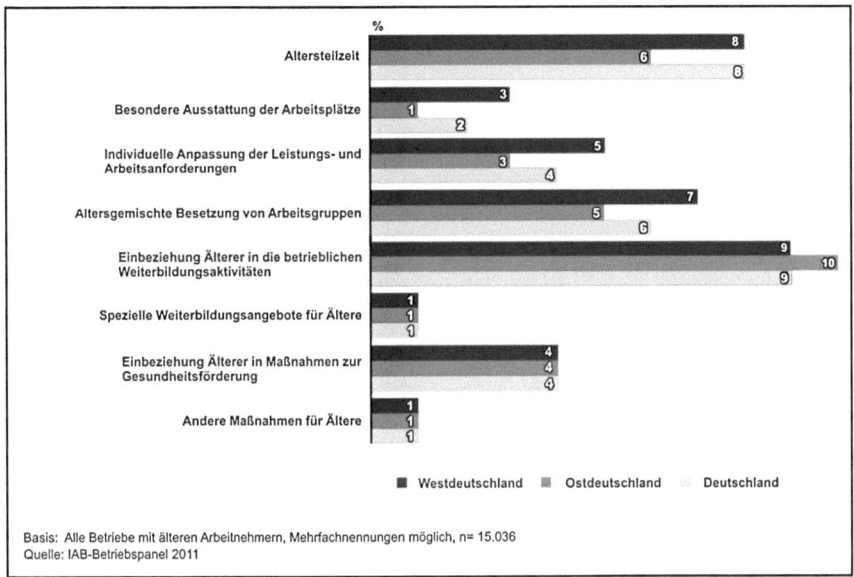

Abb. 1.2: Art der betrieblichen Maßnahmen speziell für ältere Beschäftigte in Deutschland, West- und Ostdeutschland 2011 (BECHSTEIN et al 2012, S.47)

Abschließend sei noch auf das Problem der Führungskräfte bzw. auch Selbstständigen oder Unternehmer im Kontext des demografischen Wandels hingewiesen. 2010 gab es cirka 370.000 Selbstständige in der Altersgruppe 50 bis 65 Jahre (+25 Prozent gegenüber 2000). Bei diesen handelt es sich ganz wesentlich um Rechtsanwälte, Ärzte, Architekten, Apotheker etc. die auch deutlich über das Alter von 65 hinaus erwerbstätig bleiben, allerdings wird sich auch bei diesen Gruppen ebenso wie bei den familiengeführten Unternehmen die Frage der Nachfolgerschaft stellen. Einen ersten Einblick in diese Problematik liefert der Beitrag von Achim SCHAARSCHMIDT in diesem Band.

1.6 Die regionale/räumliche Dimension

Der demografische Wandel vermittelt in seinen räumlichen Wirkungen ein sehr heterogenes Bild. Wird für die Bundesrepublik Deutschland auf Basis der 12. koordinierten Bevölkerungsvorausberechnung für den Zeitraum 2012 bis 2025 ein Rückgang der Bevölkerung von 3,01 Prozent erwartet, so differenziert sich dieser Bundestrend bereits auf Länderebene: Während z.B. Stadtstaaten wie Hamburg (+ 3,1 Prozent) oder Bremen (- 1,82 Prozent) oder auch wirtschaftlich starke Bundesländer wie Bayern (+ 0,41Prozent) erheblich über diesen Durchschnittswert liegen, weisen wirtschaftlich schwächere Bundesländer mit einem mehr ländlich dominierten Siedlungsgefüge ohne metropolitane Verdichtungsräume wie z.b. Sachsen-Anhalt (- 13 Prozent) oder Mecklenburg-Vorpommern (- 8,62 Prozent) deutlich stärkere Bevölkerungsrückgänge auf (STATISTISCHES BUNDESAMT 2009). Offensichtlich gelingt es insbesondere den ökonomisch aktiven Regionen ihre natürlichen Bevölkerungsverluste durch attraktive Einkommens- und Erwerbsmöglichkeiten und daraus resultierenden Zuzug mehr als auszugleichen. Ländlicher strukturierte Regionen mit geringen Einkommens- und Erwerbsmöglichkeiten verlieren dagegen zusätzlich zum natürlichen Bevölkerungsrückgang durch Wanderungsverluste an Bevölkerung. Durch die auch altersmäßig selektiven Mobilitätsprozesse kann es sowohl zu klein- als auch großräumigen Segregationsprozessen spezifischer Altersgruppen kommen.

1.6.1 Das Beispiel Sachsen-Anhalt

Im Bundesland Sachsen-Anhalt zeigen sich die kumulativen Auswirkungen des demografischen Wandels in besonders gravierender Weise, weshalb sich das Bundesland auch eignet, die mit dem demografischen Wandel verbundenen Risiken und Chancen für die Wirtschaft zu thematisieren. So wird die Bevölkerung Sachsen-Anhalts von 2,29 Mio. (Zensus 2011) bis 2025 auf 1,94 Mio. schrumpfen. Gleichzeitig wird die Altersklasse (20-65) auch an relativer Bedeutung von 61,6 Prozent auf 53,8 Prozent abnehmen, während die Gruppe der > 65-jährigen von 24,3 Prozent auf 31,2 Prozent zunehmen wird (vgl. Abbildung 1.3).

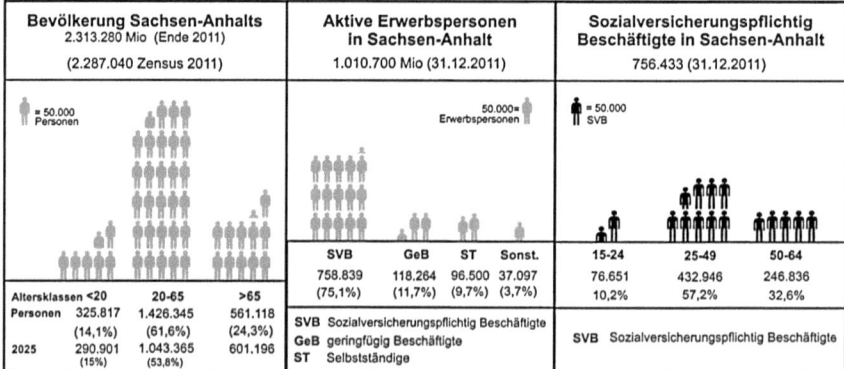

Abb. 1.3: Bevölkerungs- und Beschäftigtenstruktur in Sachsen-Anhalt 2011 (eigene Darstellung nach BUNDESAGENTUR FÜR ARBEIT 2012, STATISTISCHES LANDESAMT SACHSEN-ANHALT 2012)

Nun korrespondiert der demografische Wandel in seiner räumlichen Ausprägung nicht nur mit der Siedlungsstruktur sondern – wie bereits angedeutet – auch mit den wirtschaftlichen Strukturen.

Auf die Besonderheiten einer mehr durch Klein- und Mittelbetriebe strukturierten Wirtschaftslandschaft und die damit verbundenen Herausforderungen geht in diesem Band der Beitrag von Tamara ZIESCHANG ein.

Mit der Leistungsfähigkeit der ostdeutschen Arbeitsmärkte in Bezug auf die Folgen des demografischen Wandels, bzw. mit der Frage, ob für die lokalen Arbeitsmärkte das altersbedingte Ausscheiden von Beschäftigten bereits jetzt ein Problem ist, setzt sich der Beitrag von Kay SENIUS ebenfalls am Beispiel Sachsen-Anhalts auseinander. Es sind aber nicht nur die Belegschaften der Unternehmen, auf die demografische Wandel wirkt. Auch die Unternehmer selbst ebenso wie die Vielzahl von traditionell selbstständigen Berufsgruppen wie Ärzte, Rechtsanwälte, Architekten etc. sind vom Alterungsprozess betroffen, was sich als wachsendes Problem in der Nachfolgerschaft bzw. der Unternehmenskontinuität artikuliert. Im Beitrag von Achim SCHAARSCHMIDT werden die damit verbundenen Herausforderungen und Lösungsansätzen am Beispiel der IHK Halle-Dessau thematisiert.

Neben den oben angesprochenen betrieblichen Dimensionen des durch den demografischen Wandel bedingten Strukturwandels dürfen die damit verbundenen Veränderungen auf der Nachfrageseite nicht unerwähnt bleiben. Hier stellt sich die Frage, welche neuen Produktions- und AbsatzPotenziale für die Wirtschaft mit einer alternden Gesellschaft verbunden sind. Der Beitrag von Vera GERLING setzt sich mit diesen Potenzialen der Seniorenwirtschaft im Generellen auseinander, während die Fallstudie von Florian RINGEL deren Bedeutung am Beispiel des Baugewerbes in Sachsen-Anhalt diskutiert. Unabhängig von den überregionalen AbsatzPotenzialen der Seniorenwirtschaft für die Unternehmen in Sachsen Anhalt diskutiert der Beitrag von Herbert BUSCHER die tatsächliche oder zu erwartende Kaufkraftentwicklung der Senioren in Sachsen Anhalt und zeichnet damit ein eher ernüchterndes Bild von den lokalen Potenzialen der Seniorenwirtschaft. Damit wäre nun wieder die Ebene der räumlich differenzierten Wirkungen des demografischen Wandels berührt. Die positiven Einschätzungen der WachstumsPotenziale der Seniorenwirtschaft werden eben nicht flächenhaft und mit hoher Wahrscheinlichkeit auch nicht im besonderen Maße in strukturschwachen Regionen mit einem sehr hohen Altenanteil auftreten. Vielmehr wird sich die räumliche Allokation dieser durchaus vorhandenen Potenziale in regional sehr differenzierter Weise durchsetzen. Durch die sogenannte Altenwanderung insbesondere der Gruppen mit hoher Kaufkraft werden traditionelle Zielräume dieser Wanderungen wie beispielsweise Bäderstandorte oder ausgewählte

Innenstadtbereiche sicherlich mehr davon profitieren, als strukturschwache Regionen.

Insgesamt liefert der vorliegende Band Einblicke in die vielfältigen Wirkungsmechanismen des demografischen Wandels und daraus resultierender Probleme und Potenziale für Wirtschaft und Unternehmen.

Literatur- und Quellenverzeichnis

Acemoglu, D., Robinson, J.A.: Warum Nationen scheitern. Die Ursprünge von Macht, Wohlstand und Armut, Frankfurt/Main, 2013

Bachmann, R., Braun, S., Friedl, A., Giesecke, M., Groll, D., Kramer, A., Paloyo, A., Sachs, A.: Demografie und Wachstum: Die gesamtwirtschaftlichen Effekte einer höheren Erwerbstätigkeit Älterer, Initiative Neue Soziale Marktwirtschaft (INSM) GmbH, Mannheim, 2012

Backes-Gellner, U.: Altersbilder bei Personalverantwortlichen in (deutschen) Unternehmen. In: Ehmer,J., Höffe,O. (Hrsg.) Bilder des Alterns im Wandel (Nova Acta Leopoldina, Nt. 363, Band 99/ Altern in Deutschland, Band 1), S.167 – 172, Halle (Saale), 2009

Backes-Gellner, U.: Beschäftigung älterer Arbeitnehmer im Spiegel der Forschung. In: Backes-Gellner,M., Veen, S. (Hrsg.) Altern, Arbeit und Betrieb (Nova Acta Leopoldina, Nt. 365, Band 101/ Altern in Deutschland Band 1), S.11 – 25, Halle (Saale), 2009a

Bähr,J., Jentsch,Ch., Kuls, W.: Bevölkerungsgeographie. Berlin, 1992

Buer, T.K., Kunze, A.: The Demand for High-Skilled Workers and Immigration Policy. In: Brussels Economic Review 47 (1): 57-75, 2004

Baumann, D.: Alte im Abseits. In: Berliner Zeitung vom 7.1.2013, S.9, 2013

Bechmann, S., Dahms, V., Tschersich, N., Frei, M., Leber, U., Schwengler, B.: Fachkräfte und unbesetzte Stellen in einer alternden Gesellschaft: Problemlagen und betriebliche Reaktionen. IAB-Forschungsbericht 13/2012, Nürnberg, 2012

Behringer, W.: Kulturgeschichte des Klimas. Von der Eiszeit bis zur globalen Erwärmung, München, 2007

Boockmann, B., Fries, J., Göbel, C.: Specific Measures for Older Employees and Late Career Employment. ZEW Discussion Paper No. 12-059, Mannheim, 2012

Boll, Ch., Kloss, A., Puckelwald, J., Schneider, J., Wilke, C., Will, A.: Ungenutzte Arbeitskräftepotenziale in Deutschland: Maßnahmen und Effekte, Studie im Auftrag der Initiative Neue Soziale Marktwirtschaft GmbH (INSM), Hamburg, 2013

Börsch-Supan, A., Weiss, M.: Productivity and age: Evidence from work teams at the assembly line, MEA Discussion Paper 148-07, 2008

Börsch-Supan, A.: Gesamtwirtschaftliche Folgen des demografischen Wandels. In: Börsch-Supan, A., Erlinghagen,M., Hank, K., Jürgens, H., Wagner, G.G. (Hrsg): Produktivität in alternden Gesellschaften (Nova Acta Leopoldina, Nt. 366, Band 102/ Altern in Deutschland, Band 4), S.21 – 41, Halle (Saale), 2009

Börsch-Supan, A., Düzgün, I., Weiss, M.: Alter Und Produktivität – eine neue Sichtweise. In: Börsch-Supan, A., Erlinghagen,M., Hank, K., Jürgens, H., Wagner, G.G. (Hrsg): Produktivität in alternden Gesellschaften (Nova Acta Leopoldina, Nt. 366, Band 102/ Altern in Deutschland, Band 4), S.53 – 62, Halle (Saale), 2009

Borstel, S.: Ältere bleiben auf der Strecke. In: Die Welt vom 4.1.2012, S.10.

Bundesagentur für Arbeit 2012: Arbeitsmarktberichterstattung: Der Arbeitsmarkt in Deutschland, Ältere am Arbeitsmarkt, Nürnberg, 2012

Coulmas, F.: Population decline and ageing in Japan: the social consequences, London, 2007

Creutzburg, D.: Deutschland punktet mit einem „Jobwunder" für Ältere. In: Handelsblatt vom 18.10.2012, S.17

Creutzburg, D.: Die Gefahr für den Wohlstand kommt schleichend. In: Frankfurter Allgemeine Zeitung vom 6.9.2013, S.16

Dietz, P.: Ohne Alte geht nichts. In: Frankfurter Rundschau vom 6.11.2012, S.17

Ehmer, J.: Altersbilder im Spannungsfeld von Arbeit und Ruhestand. Historische und aktuelle Perspektiven. In: Ehmer,J./Höffe,O. (Hrsg) Bilder des Alterns im Wandel (Nova Acta Leopoldina, Nt. 363, Band 99/ Altern in Deutschland, Band 1), S.209 – 234, Halle (Saale), 2006

Engel, D., Bauer, T.K., Brink, K., Down, S., Hahn, M., Jacobi, L., Kautonen, T., Trettin, L., Welter, F., Wiklund, J.: Unternehmensdynamik und alternde Bevölkerung (RWI Schriften 80), Berlin, 2007

eOpinio: Wie gehen Unternehmen in Rhein-Main mit dem demografischen Wandel um? Rhein-Main-KOMPASS 10-2012, Der Wirtschaftstrend Report der Helaba. Repräsentative Panelbefragungen von Führungskräften der Wirtschaft im Ballungsraum Rhein-Main, Gießen, 2012

Fehr, H.: Produktivitätsentwicklung in einer alternden Gesellschaft- Ergebnisse von aktuellen Simultanstudien. In: Börsch-Supan, A., Erlinghagen,M., Hank, K., Jürgens, H., Wagner, G.G. (Hrsg): Produktivität in alternden Gesellschaften (Nova Acta Leopoldina, Nt. 366, Band 102/ Altern in Deutschland, Band 4), S. 43-51, Halle (Saale), 2009

Fussek, C., Loerzer, S.: Alt und abgeschoben. Der Pflegenotstand und die Würde des Menschen, Freiburg, 2005

Gotthold,K., Maaß, S.: Private Vorsorge gleicht Rentenlücken nicht aus. In: Die Welt vom 8.9.2013, 2013

Hank, R., Seidl, C.: Die Babyboomer. Sie sind überall, setzen kulturelle Standards und jammern auf hohem Niveau. Demnächst treten sie ab. In: Frankfurter Allgemeine Sonntagszeitung vom 28.4.2013, S.39

Hartlapp, M., Schmidt, G.: Employment Risks and Opportunities for an Aging Workforce in the EU. In: Backes-Gellner, M., Veen, S. (Hrsg.): Altern, Arbeit und Betrieb (Nova Acta Leopoldina, Nt. 365, Band 101/ Altern in Deutschland, Band 1), S.89 – 110, Halle (Saale), 2009

Heckel, M.: Aus Erfahrung gut. Wie die Älteren die Arbeitswelt erneuern, Hamburg, 2013

Hofmann, S., Kupilas, B., Schröder, M.: Ein Betrieb für alle Generationen. In: Handelsblatt vom 13.5.2013, S. 6-7

Höffe, O.: Bilder des Alters und des Alterns im Wandel. In: Ehmer,J., Höffe,O. (Hrsg): Bilder des Alterns im Wandel (Nova Acta Leopoldina, Nt. 363, Band 99/ Altern in Deutschland, Band 1), S.11 – 21, Halle (Saale), 2009

Horx, M.: Abenteuer Alter. In: Handelsblatt vom 28.3.2013

Hüther, M.: Köpfe, Zeit, Produktivität. In: Handelsblatt vom 3/4/5.Mai, S.64., 2013

Kapalschinski, C.: Von den Japanern lernen. In: Handelsblatt von 13.6.2013, S.20

Klingholz, R., Sievert, S.: Demografie ist kein Schicksal. In: Handelsblatt vom 8.8.2013, S.48

Kloepfer, I.: Sind die Alten noch zu gebrauchen? In: Frankfurter Allgemeine Sonntagszeitung vom 28.4.13, S.38

Kocka, J., Staudinger, U.: Altern in Deutschland. Band 1 – 8. (Nova Acta Leopoldina/ Akademiegruppe Altern in Deutschland), Halle (Saale), 2009

Mai, R., Roloff, J., Micheel, F.: Regionale Alterung in Deutschland unter besonderer Berücksichtigung der Binnenwanderungen. (Materialien zur Bevölkerungswissenschaft Heft 120), Wiesbaden, 2007

Meister, D.: Wir brauchen die Rente mit 69. In: Handelsblatt vom 22.5.2013, S.30

Münz, R.: Fertilität und Geburtenentwicklung. In: Online-Handbuch der Demografie. Verfügbar unter: http://www.berlin-institut.org/?id=64, 2007

Nienhaus, L.: Die Pflege-Gesellschaft. In: Frankfurter Allgemeine Sonntagszeitung vom 9.1.2011, S.30

Rösener, W.: Landwirtschaft und Klimawandel in historischer Perspektive. In: Aus Politik und Zeitgeschehen, Beilage 5-6/2010

Ross, F., Walser, C.: Rechtliche Antworten auf die alternde Gesellschaft. In: Börsch-Supan, A., Erlinghagen,M., Hank, K., Jürgens, H., Wagner, G.G. (Hrsg): Produktivität in alternden Gesellschaften (Nova Acta Leopoldina, Nt. 366, Band 102/ Altern in Deutschland, Band 4), S.63 – 90, Halle (Saale), 2009

Rothermund, K.: Altersstereotype –Struktur, Auswirkungen, Dynamiken. In: Ehmer,J., Höffe,O. (Hrsg): Bilder des Alterns im Wandel (Nova Acta Leopoldina, Nt. 363, Band 99/ Altern in Deutschland, Band 1), S.139 – 149, Halle (Saale), 2009

Sauer, S.: Kein Rechtsanspruch auf Arbeit mit 70. In: Frankfurter Rundschau vom 6.3.2013, S. 15

Schick, M.: Jeder ist ein Talent, unabhängig vom Alter. In: Handelsblatt, Interview vom 28.3.2013, S. 60-61

Schirrmacher, F.: Das Methusalem Komplott, München, 2004

Schwinger, R.: Demografischer Wandel -Status Quo und Herausforderungen für Unternehmen in Deutschland und Österreich. Towers Watson, Frankfurt/Main, 2013

Statistisches Bundesamt: Bevölkerung Deutschlands bis 2060, 12. koordinierte Bevölkerungsvorausberechnung, Wiesbaden, 2009

Statistisches Bundesamt: Bevölkerung Deutschlands nach Bundesländern bis 2060, Wiesbaden, 2010

Statistisches Bundesamt: 80,5 Millionen Einwohner am Jahresende 2012, Bevölkerungszunahme durch hohe Zuwanderung. Pressemitteilung Nr. 283 vom 27.08.2013. Wiesbaden, 2013

Suckale, M.: Altersbilder in Unternehmen. In: Ehmer,J., Höffe,O. (Hrsg): Bilder des Alterns im Wandel (Nova Acta Leopoldina, Nt. 363, Band 99/ Altern in Deutschland, Band 1), S.191 – 195, Halle (Saale), 2009

Terpitz, K.: Die Macht der Erfahrung. In: Handelsblatt vom 25.6.2013, S. 18-19

Thimm, C.: Altersbilder in den Medien -Zwischen medialem Zerrbild und Zukunftsprojektionen. In: Ehmer, J., Höffe, O. (Hrsg.) Bilder des Alterns im Wandel. Historische, interkulturelle, theoretische und aktuelle Perspektiven (Nova Acta Leopoldina, Nt. 363, Band 99/ Altern in Deutschland, Band 1), S.153 – 165, Halle (Saale), 2009

Többe, B.: Bevölkerung und Entwicklung. (Politikwissenschaft 66), Münster, 2000

United Nations, Department of Economic and Social Affairs/Population Division: World Population Prospects. The 2012 Revision. Highlights and Advance Tables, New York. Verfügbar unter: ttp://esa.un.org/unpd/wpp/Documentation/pdf/WPP2012_HIGHLIGHTS.pdf, 2013

Vaupel, J.W.: Die Sorgen sind übertrieben, Handelsblattinterview vom 13.5.2013, S.5, 2013

Veen, S., Backes-Gellner, U.: Betriebliche Altersstrukturen und Produktivitätseffekte. In: Backes-Gellner,M., Veen, S. (Hrsg.): Altern, Arbeit und Betrieb (Nova Acta Leopoldina, Nt. 365, Band 101/ Altern in Deutschland, Band 1), S.29 – 64, Halle (Saale), 2009

Wagner-Hasel,B.: Altersbilder in der Antike. In: Ehmer,J., Höffe,O. (Hrsg): Bilder des Alterns im Wandel (Nova Acta Leopoldina, Nt. 363, Band 99/ Altern in Deutschland, Band 1), S.25 – 47, Halle (Saale), 2009

Zwick, T.: Die Beschäftigungskonsequenzen von Senioritätsentlohnung in Deutschland. In: Backes-Gellner,M., Veen, S. (Hrsg.): Altern, Arbeit und Betrieb (Nova Acta Leopoldina, Nt. 365, Band 101/ Altern in Deutschland, Band 1), S.79 – 87, Halle (Saale), 2009

Strukturmerkmale und Perspektiven der KMU in Sachsen-Anhalt

Tamara Zieschang

Abstract

Die Entwicklung der Wirtschaftsstruktur in Sachsen-Anhalt wurde stark von den politischen und gesellschaftlichen Rahmenbedingungen geprägt. Lange traditionelle industrielle Wurzeln, Phasen der De-Industrialisierung während und nach dem Zweiten Weltkrieg, Wiederaufbau unter sozialistischen Vorzeichen, sowie Privatisierung und Abwicklung staatseigener Kombinate prägen die historische Entwicklung. Seit der Wiedervereinigung stand die Wirtschaft daher unter anderen Voraussetzungen als es in Industrieregionen in den alten Bundesländern der Fall war. Die Auswirkungen dessen auf die heutige Wirtschaftsstruktur Sachsen-Anhalts thematisiert dieser Beitrag, indem er die aktuelle Situation und Gründe für deren Entwicklung beleuchtet.

2.1 Ausgangssituation

Wer die heutigen Strukturen der Wirtschaftsbereiche und der einzelnen Unternehmen in Sachsen-Anhalt verstehen will, sollte einen kurzen Blick in die Wirtschaftsgeschichte des Landes Sachsen-Anhalt werfen. Mitteldeutschland und insbesondere Sachsen-Anhalt ist eine Region mit einer langen industriellen Tradition, die ihre Wurzeln bereits im 19. und insbesondere zu Beginn des 20. Jahrhunderts hat. Markante Jahreszahlen sowie Namen von Unternehmen und Persönlichkeiten sind zum Beispiel:

- seit Mitte des 19. Jahrhunderts der traditionelle Maschinenbau in Magdeburg, verbunden mit Namen wie Hermann Gruson und Friedrich Krupp,
- die Chemiestandorte Leuna (1916), Buna (1936) und Bitterfeld (1894),
- bekannte Namen wie AGFA (später auch ORWO) und die Filmfabrik Wolfen (1909),
- der Erfinder, Flugzeugkonstrukteur und Motorenbauer Hugo Junkers (1859 - 1935) und sein Wirken in Dessau,
- 800 Jahre Kupferbergbau und Verhüttung im Mansfelder Land, die in die Mansfeld AG (1921) münden,
- mehr als 100 Jahre Salzgewinnung in Bernburg,
- die Dessauer Waggonfabrik (1900) oder
- die Ammoniak- und Harnstoffproduktion in Piesteritz (1915) bei Wittenberg.

Der Maschinen- und Anlagenbau, die chemische Industrie und auch der Bergbau haben eine lange Tradition in Sachsen-Anhalt. Die diversifizierte Industriestruktur, die es zu Beginn des 20. Jahrhunderts in Sachsen-Anhalt gab, die Entwicklung und Nutzung damals modernster Technologien und nicht zuletzt die Vielzahl von Erfindungen haben der gesamtem Region damals ausgezeichnete Wachstumsperspektiven gegeben.

Was aber folgte, waren zwei Phasen der De-Industrialisierung: Die fast vollständige Zerstörung im 2. Weltkrieg und der teilweise Abbau noch vorhandener, funktionsfähiger Industrieanlagen als Reparationsleistungen an die damalige Sowjetunion brachte die industrielle Produktion zum Erliegen.

Der dann folgende Wiederaufbau vollzog sich unter sozialistischem Vorzeichen. Es entstanden über vier Jahrzehnte große und komplexe Kombinate: 15.000 Beschäftigte in der Filmfabrik Wolfen[1] und 30.000 im SKET in Magdeburg[1], bis zu 40.000 Beschäftigte in Leuna[1] und 29.000 in Buna[2]. Im Mansfeld Kombinat gab es 48.000 Mitarbeiter[3] und 30.000 im Chemiekombinat Bitterfeld[4]. Abgesehen von einigen Ausnahmen wurden die Produktionsanlagen auf Verschleiß gefahren. Die Finanzierung sozialpolitischer Maßnahmen hatte in der ehemaligen DDR zunehmend Priorität gegenüber der Modernisierung industrieller Anlagen. In der Folge wurde mit immer geringerer Produktivität produziert, und die internationale Wettbewerbsfähigkeit schwand zunehmend.

Die vielfach fehlende internationale Wettbewerbsfähigkeit zeigt sich nach der Wiedervereinigung – mit gravierenden Folgen für Unternehmen und Beschäftigte vor allem in der Industrie. Die Privatisierung solch großer Wirtschaftseinheiten im Ganzen war kaum möglich und blieb damit die absolute Ausnahme.

---

1 DDR-Lexikon: DDR-Wissen, URL: http://www.ddr-wissen.de/wiki/ddr.pl, 2010, Abruf: 25.11.13

2 Fachhochschule Köln, DDR Plaste Projekt Doku Wiki, URL: http://plaste-erhalten.web.fh-koeln.de/wiki/doku.php?id=veb_chemische_werke_buna, 2012, Abruf 25.11.13

3 Bundesstiftung zur Aufarbeitung der SED-Diktatur, Biografische Datenbanken, URL: http://www.bundesstiftung-aufarbeitung.de/wer-war-wer-in-der-ddr-%2363%3B-1424.html?ID=1577, 2013, Abruf: 25.11.13

4 Friedrich-Ebert-Stiftung: Digitale Bibliothek, URL: http://www.fes.de/fulltext/fo- wirtschaft/00288002.htm, 1999, Abruf: 25.11.13

2.2 Die Wirtschaftsentwicklung in Sachsen-Anhalt

Der Zusammenbruch der Industrie in Sachsen-Anhalt wurde zu Beginn der 1990er Jahre überdeckt durch ein stark boomendes Baugewerbe. Der Bauboom wurde wesentlich durch einen hohen Nachholbedarf bei der Verkehrsinfrastruktur und im Wohnungsbau ausgelöst.

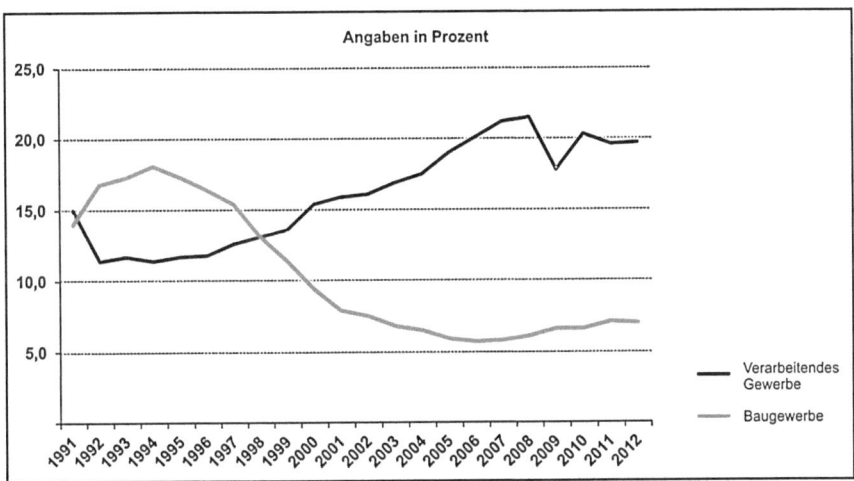

Abb. 2.1: Anteile der Wirtschaftsbereiche Verarbeitendes Gewerbe und Baugewerbe an der Bruttowertschöpfung in Sachsen-Anhalt seit 1991 (ARBEITSKREIS „VOLKSWIRTSCHAFTLICHE GESAMTRECHNUNGEN DER LÄNDER": Berechnungsstand März 2013, eigene Darstellung MW, Referat 31)

Erst Ende der 1990er trägt die industrielle Produktion erstmals wieder stärker zum Wirtschaftswachstum bei als das Baugewerbe. Durch erfolgreiche Privatisierungen bis Mitte der 1990er Jahre und erhebliche Investitionen in die Modernisierung vorhandener und vor allem in neue Anlagen entwickelte sich die Industrie in Sachsen-Anhalt schließlich wieder zum Motor des wirtschaftlichen Wachstums. Dies zeigt sich auch bei einem Blick auf das BIP-Wachstum des letzten Jahres (2012). Die treibende Wachstumskraft war das verarbeitende Gewerbe – und hier vor allem die Branchen Maschinen- und Anlagenbau, chemische Industrie und Ernährungswirtschaft.

Seit einigen Jahren hat die Industrie in Sachsen-Anhalt nun wieder einen Stellenwert erreicht, der es ermöglicht, die industriellen Traditionen fortzusetzen.

Gleichwohl lassen sich immer noch wesentliche Unterschiede in der heutigen Wirtschaftsstruktur im Vergleich zu den westlichen Bundesländern erkennen.

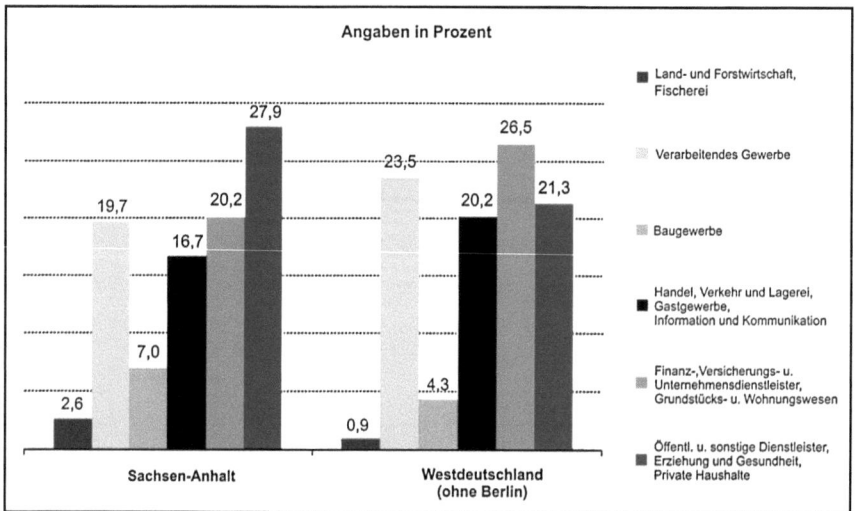

Abb.2 2: Vergleich heutiger Wirtschaftsstrukturen anhand der Anteile ausgewählter Wirtschaftsbereiche an der Bruttowertschöpfung (ARBEITSKREIS „VOLKSWIRTSCHAFTLICHE GESAMTRECHNUNGEN DER LÄNDER"; Berechnungsstand März 2013, eigene Darstellung MW, Referat 31)

Der industrielle Sektor ist in Sachsen-Anhalt im Vergleich zu den westlichen Bundesländern unverändert etwas geringer ausgeprägt. Das hat auch Auswirkungen auf andere Wirtschaftsbereiche, da unternehmensnahe Dienstleistungen dann auch eine geringere Rolle spielen. Das Baugewerbe ist hingegen noch ein vergleichsweise stark ausgeprägter Sektor. Trotz stetigem Personalabbau ist der Bereich der öffentlichen Dienstleistungen im Vergleich zu Westdeutschland weiterhin überdimensioniert.

Parallel zu den genannten wirtschaftlichen Entwicklungen vollzog sich ein Einbruch der in der ehemaligen DDR überdurchschnittlich hohen Geburtenrate und einer beispiellosen Abwanderung, insbesondere auch aus Sachsen-Anhalt. Die Abwanderung war auch Folge einer zunächst (zumindest gefühlten) fehlenden wirtschaftlichen Perspektive. Auch heute noch verlassen junge Menschen Sachsen-Anhalt, weil sie meinen, anderswo mehr Geld verdienen zu können.

Es muss der Frage nachgegangen werden, warum es in Sachsen-Anhalt immer noch die vergleichsweise großen Nachholbedarfe bei der Produktivität, Innovations- und Exportintensität sowie teilweise auch noch der Lohnhöhe gibt.

2.3 Heutige Unternehmens- und Betriebsgrößenstruktur

Die Privatisierung der bis 1990 entstandenen großen Wirtschaftseinheiten war nicht möglich oder gelang nur schwerlich. In der Folge etablierte sich insbesondere in Sachsen-Anhalt eine vergleichsweise kleinteilige Wirtschaftsstruktur. Gerade bei den größeren Betrieben handelte es sich aber vielfach um so genannte verlängerte Werkbänke . Das heißt, es entstanden kaum Unternehmenszentralen und eigene Forschungs- und Entwicklungs-Abteilungen wurden überwiegend nicht aufgebaut.

Selbstverständlich gibt es in Sachsen-Anhalt auch ganz andere Beispiele – also große Betriebe, die innovationsstark und exportintensiv sind. Beispielhaft seien hier nur SKW Stickstoffwerke Piesteritz oder FAM Magdeburger Förderanlagen und Baumaschinen oder IFA Rotorion oder VEM Elektromotorenwerk und natürlich Halloren in Halle genannt. Aber bei einer gesamtwirtschaftlichen Betrachtungsweise werden diese „Leuchttürme" überdeckt.

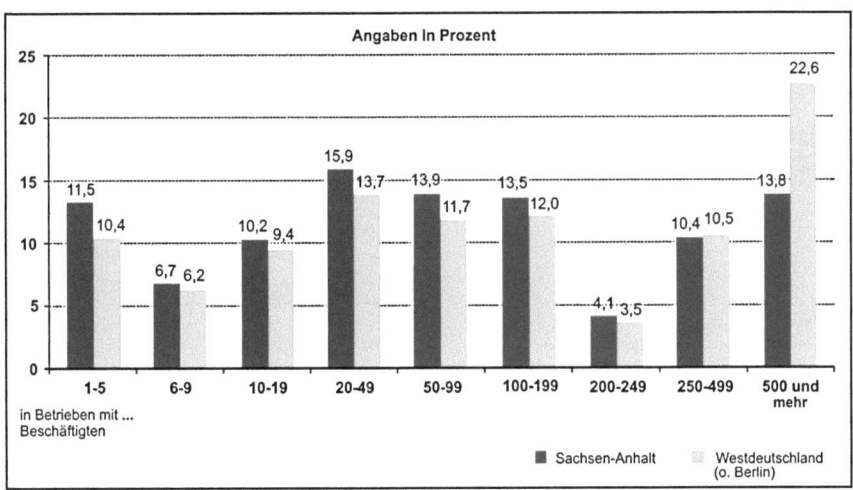

Abb. 2.3: Anteile der sozialversicherungspflichtig Beschäftigten nach Betriebgrößenklassen (Stichtag 30.06.2012) (BUNDESAGENTUR FÜR ARBEIT; eigene Darstellung MW, Referat 31)

Häufig wird bei Betrachtung der kleinteiligen Wirtschaftsstruktur nur die reine Anzahl der Betriebe betrachtet und Beschäftigenzahlen werden ausgeblendet. Bei dieser Betrachtung stellt man dann fest, dass Sachsen-Anhalt sich von anderen westdeutschen Flächenländern kaum unterscheidet: In Sachsen-Anhalt haben 88,5 Prozent aller Betriebe weniger als 20 Beschäftigte. In Baden-Württemberg ist das nicht anders; in Bayern haben sogar 89,8 Prozent aller Betriebe weniger als 20 Beschäftigte (BUNDESAGENTUR FÜR ARBEIT 2012; Berechnungen des Ministeriums für Wirtschaft).

Betrachtet man hingegen der Anteil der Beschäftigten innerhalb der einzelnen Betriebsgrößenklassen, werden die Unterschiede deutlicher: Sachsen-Anhalt hat bei Betrieben mit bis zu 249 Beschäftigten stets höhere Beschäftigungsanteile als Westdeutschland. Danach kehrt sich das Verhältnis um. Besonders deutlich wird dies bei Betrieben mit mehr als 500 Beschäftigen. In Sachsen-Anhalt sind nur knapp 14 Prozent der Beschäftigten in solchen Betrieben tätig, in Westdeutschland hingegen 22,6 Prozent (vgl. ebenda).

Sachsen-Anhalt hat also eigentlich nicht zu wenige Betriebe, sondern Sachsen-Anhalt hat zu wenige große Betriebe. Im verarbeitenden Gewerbe werden diese Unterschiede besonders deutlich (vgl. Abb. 2.4).

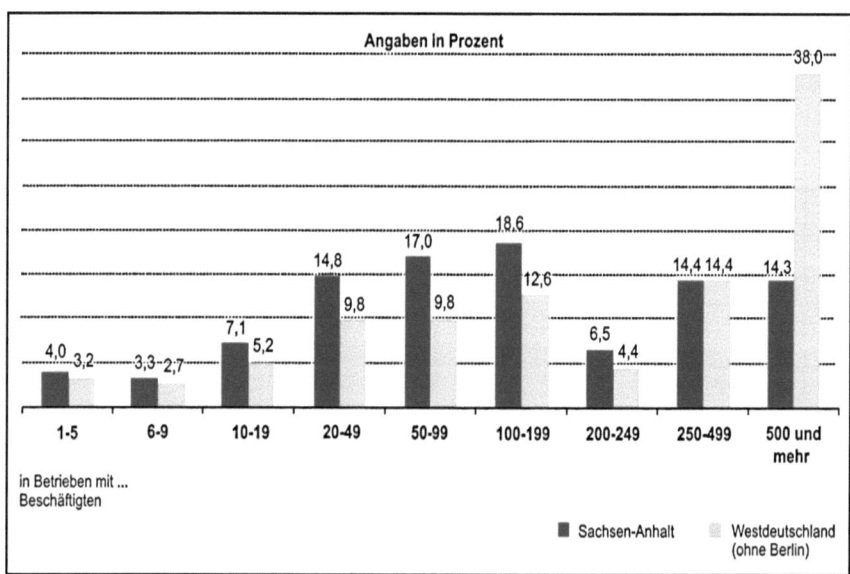

Abb.2.4: Anteile der sozialversicherungspflichtig Beschäftigten nach Betriebsgrößenklassen im verarbeitenden Gewerbe (Stichtag 30.06.2012)
(BUNDESAGENTUR FÜR ARBEIT; eigene Darstellung MW, Referat 31)

Bei den sehr kleinen Betriebsgrößenklassen sind die Unterschiede zwar nur gering ausgeprägt. Gleichwohl sind in Sachsen-Anhalt durchweg mehr Menschen in Betrieben mit weniger als 250 Mitarbeitern beschäftigt als in Westdeutschland. Aber bei Betrieben mit 500 und mehr Beschäftigten stellt sich die Lage vollkommen anders dar: In Westdeutschland sind fast dreimal so viele Mitarbeiter in diesen großen Betrieben beschäftigt als in Sachsen-Anhalt. Empirische Untersuchungen belegen,
- dass kleinere Betriebe nicht so innovativ sind wie große,
- dass kleinere Betriebe nicht so intensiv in die internationale Arbeitsteilung eingebunden sind und
- dass kleinere Betriebe weniger Hochqualifizierte beschäftigen.

Das alles hat zu Folge, dass kleinere Betriebe oftmals auch geringer entlohnen. Wenn also in Sachsen-Anhalt deutlich weniger Menschen in großen Betrieben beschäftigt sind, dann heißt das auch, dass das Lohngefüge ein anderes ist als in Westdeutschland. Und das erklärt, wieso noch zu viele junge Menschen abwandern. Das darf aber nicht falsch verstanden werden: Auch in Sachsen-Anhalt gibt es kleine Betriebe, die hoch innovativ sind, die eine hochqualifizierte Belegschaft haben und entsprechend hohe Löhne zahlen. Es geht hier allein um eine Gesamtschau.

2.4 Aktuelle Herausforderungen und Handlungsperspektiven

Die aktuelle Herausforderung im Bereich der Wirtschaftsförderung besteht – im Gegensatz zu den zurückliegenden zwei Jahrzehnten – vor allem darin, hochwertige Jobs zu schaffen. Dies muss eine wesentliche Zielsetzung unserer Wachstums- und Innovationsstrategie im Land sein. Denn nur wenn hochwertige und damit auch gut bezahlte Jobs schaffen werden, kann die Abwanderung von jungen Menschen in andere Bundesländer begrenzt werden.

Anders formuliert: Der Wettbewerbsvorteil soll in Sachsen-Anhalt nicht mehr in einem im Vergleich zu anderen Bundesländern niedrigeren Lohngefüge liegen. Diese Zeit ist überwunden, weil das Land hohe Qualität, Know-How, technologische Innovationen und kreative Ideen bieten kann. Dies noch weiter auszubauen, muss der Anspruch für die weitere Wirtschaftsförderung im Land sein. Was ist also zu tun? Es sind Rahmenbedingungen zu schaffen, die es den kleinen Betrieben ermöglicht, zu wachsen. Gleichzeitig ist es erforderlich, neue Unternehmen anzusiedeln.

An welchen strategischen Grundlinien muss sich die Wirtschaftsförderung demzufolge im Land zukünftig ausrichten? Es wird darum gehen:

- den heimischen Mittelstand zu stärken und damit die im Land verwurzelten Unternehmen beim Wachstum aus sich heraus begleiten;
- gezielte Ansiedlungsförderung zu betreiben, also gezielt solche Ansiedlungen zu fördern, die Know-How und Kapital ins Land holen;
- die Innovationsumgebung im Land stärken, indem auch die Zusammenarbeit von Wissenschaft und Wirtschaft intensiviert wird.

(1) Stärkung des heimischen Mittelstands – organisches Wachstum von im Lande verwurzelten Unternehmen

Gut 20 Jahre nach dem Fall der Mauer zeigt sich, dass in Sachsen-Anhalt eine lebendige Mittelstandsszene entstanden ist. Etliche Unternehmen haben bereits einen erfreulichen Wachstumspfad genommen. Weitere stehen in den Startlöchern. Diese mittelständische Wirtschaft muss im Mittelpunkt der finanziellen Wirtschaftsförderung stehen. Bei dieser Wirtschaftsförderung wird es (auch) in Zukunft darum gehen, dass nicht der bezuschusst wird, der als erstes einen Antrag gestellt hat. Vielmehr geht es darum, die Projekte gezielt mit öffentlichen Zuschüssen zu fördern, die die betriebliche Wertschöpfung bestmöglich verbessern. Oder anders ausgedrückt: Es soll aus jedem Fördercent die höchstmögliche Wertschöpfung und das größtmögliche Wachstum ziehen.

(2) Gezielte Ansiedlungsförderung – gezielt Know-How und Kapital ins Land holen

Nicht Jobs um jeden Preis – egal welche, sondern eine qualitätsorientierte Ansiedlungsstrategie muss die Entscheidungen um die Vergabe knapper werdender Fördermittel leiten. Sachsen-Anhalt braucht auch weiterhin Ansiedlungen von außen. Dies schließt vor allem auch Großansiedlungen mit ein. Diese sollten aber technologie- und kapitalstark sein. Investoren sollten nicht vor allem aufgrund der noch möglichen Subventionen nach Sachsen-Anhalt kommen. Die Unternehmen sollen kommen, weil sie sich durch die Einbettung in hiesige Wertschöpfungs- und Innovationspartnerschaften Wettbewerbsvorteile versprechen. Hier kann auf einige Stärken des Landes verwiesen werden. Gerade internationale Investoren, z.B. aus den USA und aus Asien sind für diese Art der Standortwerbung sehr empfänglich (z.B. Novellis in Nachterstedt, Hanwha und Hanergy im „Solar Valley", T-Systems in Biere).

Externe Ansiedlungen erhöhen zudem die Wahrscheinlichkeit, bald zu einem volkswirtschaftlich guten Mix von großen sowie kleinen und mittleren Unternehmen zu gelangen, der sich dann natürlich auch in den Beschäftigtenzahlen widerspiegeln muss. Diesen Mix braucht eine Volkswirtschaft, nicht zuletzt, weil die Investitionen der Großen die Aufträge für die lokalen kleineren und mittleren Unternehmen sind.

(3) Stärkung der Innovationsumgebung – Zusammenarbeit von Wissenschaft und Wirtschaft intensivieren

Was sollte unter eine Innovationsumgebung verstanden werden: Den Begriff der „Innovation" sollte sehr breit ausgelegt werden. Deshalb sollte sich auch niemand von diesem hochtrabenden Wort abschrecken lassen. Innovation ist nicht gleichbedeutend mit einer technologischen Weltneuheit. Es muss also nicht immer gleich Bill Gates bemüht werden. Innovation kann auch bedeuten, neue Vertriebswege oder Marktsegmente zu erschließen oder das eigene Produkt pfiffig zu vermarkten oder das Wachstum des eigenen Unternehmens kreativ zu finanzieren. Innovativ kann auch die Art und Weise sein, mit der neue Mitarbeiter angeworben, aus- und weitergebildet oder an das Unternehmen gebunden wird. Innovationen können also auf vielen Gebieten stattfinden.

Damit auch kleinere Unternehmen erfolgreich auf Innovationen setzen können, brauchen sie vor allem ein innovationsfreundliches Umfeld. Dazu gehören insbesondere die Nähe zur Wissenschaft und Zugang zu Kapital. Große Konzerne können sich dieses Umfeld selbst schaffen, Start-Ups sowie kleine und mittlere Unternehmen aber nicht. Hier muss das Land flankierend helfen. Damit können wir den richtigen Rahmen dafür schaffen, dass die Kleinen die Großen von Morgen sind.

Die Hochschulen des Landes bieten viele Ansatzpunkte für eine erfolgreiche Zusammenarbeit. Um dies zu beflügeln, wurde in den vergangenen Monaten und Jahren damit begonnen, niedrigschwellige Kooperationsangebote zu schaffen, um mittelständische Unternehmen systematisch mit den Hochschulen zusammenzubringen. Über Gesprächsplattformen und Unternehmermessen an den Hochschulen, duale Studiengänge oder eine verstärkte wissenschaftliche Weiterbildung ist bereits ein nachhaltiger Wissenstransfer in Gang gesetzt worden. Diese Strategie wird auch künftig fortgesetzt und gestärkt werden.

Diese Leitplanken unserer Wirtschaftsförderungspolitik skizzieren zugleich die Wachstumsstrategie für das Land Sachsen-Anhalt.

2.5 Schlüsselfaktor Innovation

Die Wachstumsstrategie ist eng verzahnt mit unserer Innovationsstrategie. Das Wirtschaftsministerium erarbeitet gegenwärtig eine so genannte Regionale Innovationsstrategie für das Land.[5] Ziel ist es, die Innovationsförderung – wie es vor allem auch von der Europäischen Kommission gefordert wird – künftig auf einige wenige Wirtschaftsbereiche mit Wachstumspotenzial zu konzentrieren.

Auch wenn die Erarbeitung unserer Regionalen Innovationsstrategie noch nicht abgeschlossen ist, lässt sich doch schon jetzt erkennen, wohin die innovationspolitische Reise gehen wird. Die Innovationsförderung soll sich künftig auf folgende fünf Wachstumsfelder oder Leitmärkte in Sachsen-Anhalt konzentrieren:

- Energie/Maschinen- und Anlagenbau/Ressourceneffizienz,
- Gesundheit und Medizin,
- Mobilität und Logistik,
- Chemie und Bioökonomie sowie
- Ernährung und Landwirtschaft.

In diesen Bereichen haben sich entweder schon Unternehmen sehr erfolgreich auf dem Markt positioniert oder wir verfügen über eine hohe Forschungsexpertise. Sachsen-Anhalt steht hier vor ganz unterschiedlichen Herausforderungen.

Es geht also darum, eine gute Marktstellung zu halten und möglichst auszubauen. Dies gelingt uns heute (gerade auch im Vergleich zur asiatischen Konkurrenz) kaum noch über Kostenoptimierung, sondern fast nur noch über Innovationen. Diese können im technologischen Fortschritt, in der Entwicklung neuer Komponenten und Materialien, in Systemlösungen liegen oder auch in anderen Bereichen (Vertrieb, Fachkräftegewinnung usw.).

Betrachtet man zum Beispiel den Bereich Mobilität und Logistik, der sich durch eine gute Mischung aus leistungsfähigen Zulieferern und einer gut ausgeprägten universitären und außeruniversitären Forschungslandschaft auszeichnet. Hier besteht die Herausforderung vor allem darin, nachhaltige Lösungen für die Mobilität von Morgen zu finden. Stichworte sind hier Leichtbau, Elektromobilität und intelligente Verkehrssysteme.

Auf den Gebieten, auf denen das Land über eine hohe Forschungskompetenz im Land verfügen, wird es vor allem darum gehen, diese Kompetenz in marktfähige Produkte umzumünzen und damit den Markteintritt zu schaffen. Dies betrifft zum Beispiel den Bereich Gesundheit und Medizin. Hier verfügen wir zwar in Neurowissenschaften, Pharma- und Medizintechnik über eine exzellente Forschungsbasis, die aber noch stärker wirtschaftlich genutzt werden muss.

---

5 Die Regionale Innovationsstrategie liegt erst im Entwurf vor. Sie ist eine Ex-ante Konditionalität nach den einschlägigen Strukturfondsverordnungen der EU für die neue Strukturfondsperiode.

Dies gilt nicht zuletzt angesichts einer älter werdenden Gesellschaft. Es wird allerdings auch deutlich: Diese unterschiedlichen Voraussetzungen erfordern jeweils spezifische Strategien. Patentrezepte gibt es auch hier nicht.

Die neue Innovationsstrategie soll dabei helfen, die innovativen Potentiale, die in Sachsen-Anhalt schlummern und noch nicht vollständig zur Entfaltung gebracht sind, durch Förderimpulse gezielt zu stärken und dadurch einen Innovationsschub auszulösen. Über allem steht das zentrale Ziel, unsere Wirtschaft stärker zu machen und eine höhere Wertschöpfung zu generieren. Dabei sind alle Partner im Innovationssystem gefragt – die Wirtschaft wie auch Hochschulen und außeruniversitäre Forschungseinrichtungen.

2.6 Nur gefühlter Fachkräftemangel?

Abschließend kann noch einmal der Bogen zur Demografie und der Fachkräftethematik gespannt werden: Einige, vor allem kleinere und mittlere Betriebe – und das steht wiederum im Zusammenhang mit den anfangs beschriebenen Strukturproblemen der kleinen und mittelständischen Unternehmen – beklagen bereits einen Fachkräftemangel. Aber: Bislang existiert in Sachsen-Anhalt noch keinen flächendeckenden Fachkräftemangel. Spürbar ist für die Betriebe aber ein punktueller Fachkräftemangel in einzelnen Segmenten.

Sicherlich gibt es einen „gefühlten Fachkräftemangel", denn manchmal finden die Betriebe wirklich nicht die gesuchten Qualifikationen, obwohl alle möglichen Voraussetzungen – vom Gehalt bis hin zu Karrieremöglichkeiten und Familienfreundlichkeit – gegeben sind.

Man muss sich vor Augen halten, dass sich innerhalb weniger Jahre die Ausbildungssituation im Land vollständig verändert hat: Konnten sich die Unternehmen bis vor wenigen Jahren aus einer Vielzahl von Schulabgängern diejenigen mit guten bis sehr guten Schulabschlüssen auswählen, sind sie nunmehr mit einer stark verringerten Anzahl von Schulabgängern konfrontiert. Betriebe müssen ihre Ausbildungsplätze nun auch mit weniger leistungsstarken Jugendlichen besetzen. Dies bedeutet auch für die Betriebe eine Umstellung und einen zusätzlichen Aufwand, der z. B. für betriebsinterne Nachschulungen aufgebracht werden muss. Das übersteigt die Kraft mancher kleiner Betriebe.

Auch hier bietet das Land wieder Unterstützung an. Über die Zusammenarbeit mit anderen Betrieben, die analoge Probleme haben, könnte auch die Wirtschaft in größerem Umfang eigeninitiativ tätig werden.

Literatur- und Quellenverzeichnis

Arbeitskreis „Volkswirtschaftliche Gesamtrechnungen der Länder", URL: www.vgrdl.de/
Bundesagentur für Arbeit, Betriebe und sozialversicherungspflichtige Beschäftigung (Stichtag: 30. Juni 2012), URL: http://statistik.arbeitsagentur.de/Navigation/Statistik/Statistik-nach-Themen/Beschaeftigung/Betriebe/Betriebe-Nav.html, Abruf am 21.11.13
Katja Ebert Medien und Kommunikation, DDR-Lexikon: DDR-Wissen, URL: http://www.ddr-wissen.de/wiki/ddr.pl, Abruf: 25.11.13, 2010
Fachhochschule Köln, DDR Plaste Projekt Doku Wiki, URL: http://plaste-erhalten.web.fh-koeln.de/wiki/doku.php?id=veb_chemische_werke_buna, 2012, Abruf 25.11.13
Friedrich-Ebert-Stiftung: Digitale Bibliothek, URL: http://www.fes.de/fulltext/fowirtschaft/00288002.htm, 1999, Abruf: 25.11.13
Bundesstiftung zur Aufarbeitung der SED-Diktatur, Biografische Datenbanken, URL: http://www.bundesstiftung-aufarbeitung.de/wer-war-wer-in-der-ddr-%2363%3B-1424.html?ID=1577, 2013, Abruf: 25.11.13

Der demografische Wandel als Leistungsgrenze für Arbeitsmärkte? Aktuelle Erfahrungen aus Sachsen-Anhalt

Kay Senius

Abstract

Da die neuen Bundesländer vom demografischen Wandel besonders betroffen sind, gelten insbesondere der demografische, aber auch der sektorale und qualifikatorische Strukturwandel als die Herausforderungen der Zukunft. Veränderungen auf dem Arbeitsmarkt und Handlungsoptionen zur Überwindung des Fachkräftemangels verdeutlicht der Beitrag.

3.1 Die Typik der Arbeitsmärkte im Osten im Vergleich zum Westen

3.1.1 Nachfrageseite - Wirtschaftsstruktur und Arbeitsmarkt im Vergleich sowie Dauer der Beschäftigungsverhältnisse

Die Wirtschaft im Osten Deutschlands ist im Vergleich zum Westen Deutschlands sehr kleinteilig strukturiert und durch wertschöpfungsarme Branchen gekennzeichnet, was höhere Arbeitsmarktrisiken birgt. Im Gegensatz dazu zeichnet sich Westdeutschland durch eine exportorientierte Wirtschaft mit wertschöpfungsreichen Branchen, einem sehr hohen Industriebesatz und einer überdurchschnittlichen Spezialisierung auf die Investitionsgüterproduktion aus. Westdeutsche Unternehmen weisen außerdem eine höhere Internationalität auf. Die Arbeitsmarktrisiken sind hier eher gering.

Trotz weitreichender Angleichungsfortschritte und eines rasanten Aufholprozesses bestehen zwischen Westdeutschland und Ostdeutschland strukturelle Unterschiede, die sich vor allem negativ auf die Produktivität ostdeutscher Betriebe auswirken.

Der relativ kleine industrielle Sektor, die geringe Anzahl von Großbetrieben, die Dominanz von Produktionsstätten ohne höherwertige Unternehmensfunktionen, das Defizit von wissensintensiven Unternehmensdienstleistungen, die schwächere Exportorientierung, der Rückstand bei FuE-Aktivitäten und ein geringer Anteil von Beschäftigten in hochproduktiven Betrieben führen, trotz einer nicht zu vernachlässigenden Anpassung, nach wie vor zu einem geringeren Produktivitätsniveau in Ostdeutschland.

Laut IAB-Chef Herrn Möller belegt eine Vielzahl empirischer Studien, dass exportierende Firmen überdurchschnittlich produktiv sind (MÖLLER 2013). Verantwortlich dafür sind Unterschiede in der technologischen Ausstattung, im Humankapital und in der Innovationskraft der Betriebe. Tatsächlich ist empirisch nachgewiesen, dass Exportbetriebe tendenziell humankapitalintensiver produzieren. Zugleich zwingt der zusätzliche Wettbewerb die Firmen zu Innovationen: Ohne Innovationen würden Produkte, die in Hochlohnländern hergestellt werden, von Ländern imitiert, in denen Arbeit vergleichsweise billig ist, und zu niedrigeren Preisen verkauft. Innovationsstarke Firmen sind diesem Imitationswettbewerb weniger ausgesetzt und daher exportstärker.

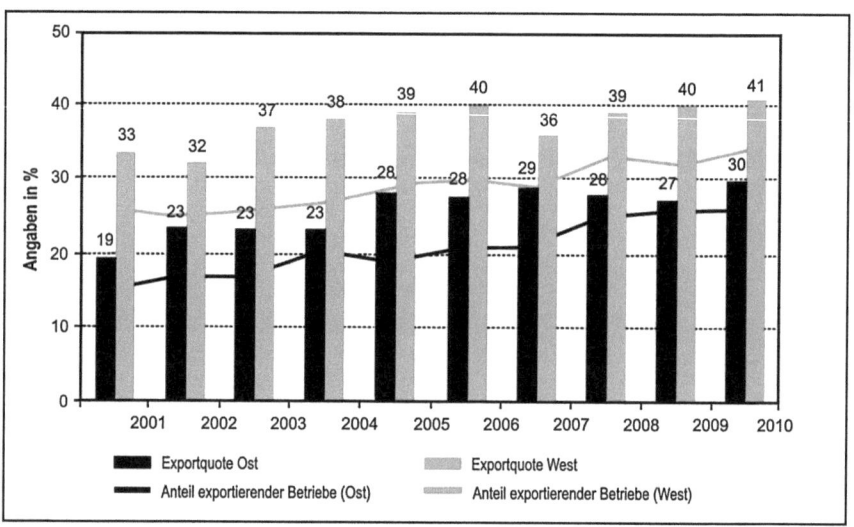

Abb. 3.1: Exportverhalten in West- und Ostdeutschland - Determinanten und Anpassungsprozesse (Engelmann, Fuchs 2012)

Der unterschiedliche Entwicklungsstand der Wirtschaft zwischen den ostdeutschen und den westdeutschen Bundesländern wird insbesondere im Bereich der wirtschaftlichen Wertschöpfung deutlich. Dies kann mit Hilfe entsprechender Angleichungsquoten der Umsatzproduktivität quantifiziert werden, die das IAB jährlich im Betriebspanel Ostdeutschland ausweist. Die Produktivität (hier die betriebliche Arbeitsproduktivität) ist der zentrale Indikator für die Beurteilung der Leistungsfähigkeit eines Betriebes. Ostdeutschland weist mehr Erwerbstätige bei öffentlichen und privaten Dienstleistern auf als Westdeutschland.

Der Produktivitätsabstand der Sachsen-Anhalter zu den westdeutschen Betrieben hat sich seit Anfang der 1990er Jahre im Durchschnitt deutlich verringert. In der zeitlichen Betrachtung des Angleichungsprozesses ist allerdings erkennbar, dass dieser nicht gleichmäßig erfolgt. Der Verlauf des Angleichungsprozesses der Sachsen-Anhalter an die westdeutsche Produktivität korrespondiert weitgehend mit dem Konjunkturverlauf der Wirtschaft: In der Tendenz (mit Ausnahme der Sondersituation in der Privatisierungsphase) stagniert die Angleichung in wachstumsstarken Jahren, in wachstumsschwachen Jahren verringerte sich demgegenüber der Produktivitätsabstand Sachsen-Anhalts zu Westdeutschland. Die Wirtschaft Sachsen-Anhalts ist nach wie vor durch einen hohen Anteil wertschöpfungsarmer Branchen gekennzeichnet. Die kleinbetriebliche Struktur der Betriebe führt zu Nachteilen in der Produktivität. Die Wirtschaft entwickelt sich langsamer als in anderen Neuen Bundesländern (BUNDESMINISTERIUM DES INNERN 2013: S.104ff).

Deutlich höhere SGB II Quoten, insbesondere bei Kindern und Jugendlichen, erschweren jungen Menschen in Sachsen-Anhalt den Start ins (Berufs-) Leben und haben instabile Erwerbsverläufe zur Folge (BUNDESAGENTUR FÜR ARBEIT 2013). Der erhöhten Nachfrage nach dem Faktor Humankapital steht ein zunehmend kleineres adäquat qualitatives Angebot gegenüber.

Die Wirtschaft ostdeutscher Bundesländer ist durch eine hohe Personalfluktuation und einen hohen Stellenumschlag bei gleichzeitig schlechter Nettostellenentwicklung gekennzeichnet. Die Stellengewinne und Stellenverluste sind im Osten und speziell in Sachsen-Anhalt größer als in den alten Bundesländern - es gehen also viele Beschäftigte in Unternehmen, scheiden aber ebenso schnell wieder aus. Es besteht demnach ein negativer Zusammenhang zwischen dem Ausmaß der Arbeitsmarktdynamik und der Beschäftigungsentwicklung, da die Nettostellenentwicklung der Beschäftigung weit unterdurchschnittlich ist.

3.1.2 Angebotsseite - Entwicklung von Beschäftigung und Arbeitslosigkeit, Qualifikation, Demografie und Wanderung

In Westdeutschland korrespondiert die Beschäftigtenentwicklung sehr stark mit der konjunkturellen Entwicklung. Die Beschäftigungssituation in Ostdeutschland ist dagegen geprägt von einem drastischen Rückgang der sozialversicherungspflichtig Beschäftigten im Zeitraum von 1995 bis 2005. Mit Beginn des jüngsten Aufschwungs lässt sich in Ostdeutschland ab 2005 eine leichte Zunahme der Zahl der sozialversicherungspflichtig Beschäftigten feststellen (Beschäftigungsstatistik der BUNDESAGENTUR FÜR ARBEIT).

Im langjährigen Vergleich (ab 2000) wächst nur in Westdeutschland die Beschäftigung (+6,2 Prozent), in Ostdeutschland (-4,6 Prozent) und in Sachsen-

Anhalt (-9,6 Prozent) ist hingegen ein Beschäftigungsabbau zu verzeichnen (Beschäftigungsstatistik der BUNDESAGENTUR FÜR ARBEIT).

Betrachtet man die Entwicklung ab 2005, so sind die Beschäftigungszuwächse in Westdeutschland am stärksten (+10,6 Prozent), in Ostdeutschland liegen sie bei +4,6 Prozent und in Sachsen-Anhalt bei +5,2 Prozent.

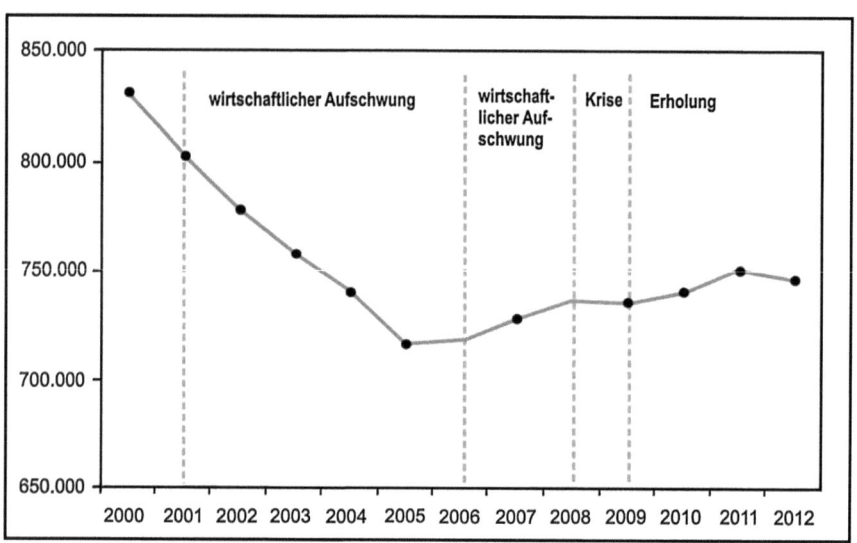

Abb. 3.2: Sozialversicherungspflichtige Beschäftigung in Sachsen-Anhalt, 2000 bis 2012 (Stichtag 30.06.) (Statistik der BUNDESAGENTUR FÜR ARBEIT)

Die Beschäftigungsverluste aufgrund der Wirtschafts- und Finanzkrise 2009 waren moderat. Die Krise erfasste vor allem die exportorientierten Industrien im Süden und Westen Deutschlands (Fahrzeug- und Maschinenbau, Metall, Gummi und Kunststoff) sowie die Zeitarbeitsbranche. Hier kam es zu krisenbedingten Entlassungen. Vor allem Vollzeitstellen wurden abgebaut (Arbeitsmarktberichterstattung der BUNDESAGENTUR FÜR ARBEIT). Gleichzeitig haben diese Branchen aber auch stark das Instrument der Kurzarbeit genutzt.

Die geringere Anbindung Ostdeutschlands an Exportmärkte und die bislang als unvorteilhaft bewertete Branchen- und Betriebsgrößenklassenstrukturen haben sich in der Phase des konjunkturellen Einbruchs 2009 offenkundig als Wettbewerbsvorteil erwiesen.

Der Trend hat sich für 2012 stabilisiert, trotz leichtem Rückgang.

Betrachtet man die Beschäftigungsentwicklung in den einzelnen Branchen so zeichnet sich ein sehr differenziertes Bild. Insbesondere in wertschöpfungsreichen Branchen ist die Beschäftigung in Sachsen-Anhalt rückläufig.

Jüngere traten später ins Erwerbsleben ein und ältere Menschen bleiben länger beschäftigt. Außerdem steigt in Folge der Überalterung der Beschäftigungsanteil der rentennahen Altersjahrgänge im Osten schneller als im Westen (vgl. Abb. 3.3).

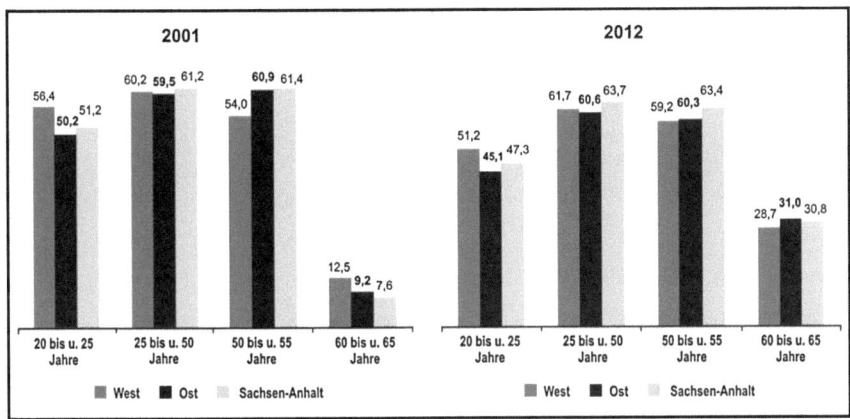

Abb. 3.3: *Beschäftigungsanteile der rentennahen Altersjahrgänge im Vergleich (Statistik der Bundesagentur für Arbeit)*

Der Arbeitskräftebedarf verschiebt sich von einfachen Tätigkeiten hin zu wissensintensiven Tätigkeiten (vgl. Abb. 3.4).

Ostdeutschland ist gekennzeichnet von höheren Arbeitslosenquoten und deutlich mehr Personen, die auf Grundsicherung angewiesen sind. Daher reduzierte sich die Arbeitslosigkeit im Osten, insbesondere in Sachsen-Anhalt, auch stärker als im Westen. Dieser allgemeine Rückgang der Arbeitslosigkeit in den vergangenen Jahren ist allerdings nur zu einem Teil auf eine Verbesserung der Beschäftigungslage zurückzuführen. Entlastend wirkte insbesondere die demografische Entwicklung, also der Rückgang des Arbeitsangebots. In der Tat bescheinigen Schätzergebnisse des Instituts für Arbeits- und Berufsforschung der Bundesagentur für Arbeit für Ostdeutschland für die vergangenen Jahre einen statistisch stark gesicherten Zusammenhang zwischen der Alterung der Bevölkerung und dem Rückgang der Arbeitslosigkeit. Gleichzeitig haben auch die Arbeitsmarktreformen gegriffen und zur Senkung der Arbeitslosigkeit beigetragen. Dieser Trend wird sich in Zukunft in noch höherem Tempo fortsetzen.

Den steigenden Qualifikationsanforderungen der Wirtschaft steht zunehmend eine ungünstige Struktur an Arbeitslosen gegenüber. Über drei Viertel der Arbeitslosen sind in Sachsen-Anhalt über 50 Jahre alt, langzeitarbeitslos und/ oder geringqualifiziert - ein Drittel verfügt über zwei oder drei dieser Risiken

(eigene Berechnungen auf Grundlage der Arbeitslosenstatistik der BUNDE-
SAGENTUR FÜR ARBEIT).

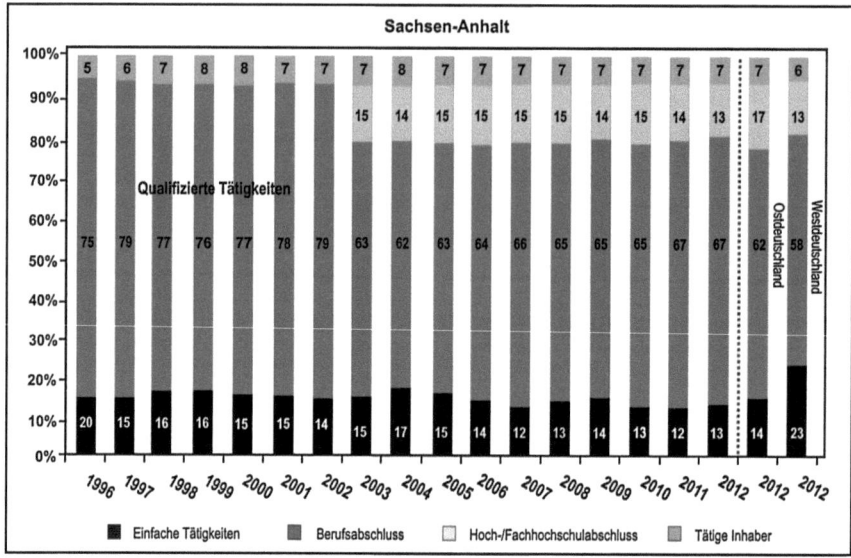

Abb. 3.4:   Beschäftigte (ohne Auszubildende) nach Tätigkeitsgruppen in Sachsen-Anhalt
            1996 bis 2012 (Stand: jeweils 30. Juni)
            (IAB Betriebspanel Sachsen-Anhalt, 17. Welle 2012, S.20)

Die Wanderungsverluste in Sachsen-Anhalt sind rückläufig. Ein Magnet für Zuwanderung sind die Hochschulstandorte in Sachsen-Anhalt. Günstige Studienbedingungen ziehen Studierende auch aus anderen Bundesländern nach Sachsen-Anhalt. Für die Hochschulstandorte wurde diese Entwicklung berücksichtigt. Aber bleiben die Absolventen auch im Land?

Gleichzeitig sinkt die Zahl der Auszubildenden und der Berufsanfänger, so dass freie Kapazitäten auf dem Ausbildungs- und Arbeitsmarkt das Abwanderungsverhalten bremsen und die Zuwanderung nach Sachsen-Anhalt positiv beeinflussen dürften. Aus diesen Gründen wurde angenommen, dass sich die seit Jahren ungünstige Entwicklung auf Landesebene wieder verbessert, so dass die jährlichen Wanderungsverluste ab 2008 stetig fallen.

Das ErwerbspersonenPotenzial in Sachsen-Anhalt wird drastisch zurückgehen. Ausgehend von 2010 wird ihre Zahl bis 2025 um 335.600 Personen oder um 27,9 Prozent sinken. Damit wird der Rückgang der Erwerbspersonen in absoluten Zahlen zwar schwächer ausfallen als derjenige der Bevölkerung insgesamt (389.000 Personen), aber dafür übertrifft die relative Veränderung deutlich das Minus von 16,7 Prozent bei der Bevölkerung (eigene Berechnungen auf Grundlage der 5. Regionalisierten Bevölkerungsvorausberechnung des STATISTISCHEN LANDESAMTES SACHSEN-ANHALT).

Zusätzlich zeigt eine differenzierte Betrachtung der künftigen Entwicklung der Erwerbspersonen nach drei großen Altersgruppen große Unterschiede auf.

Der stärkste und kontinuierlichste Rückgang der Erwerbspersonen findet bei den 15- bis unter 30-jährigen statt. Bis 2020 wird ihre Zahl um über ein Drittel (-38,2 Prozent) sinken und dann erst voraussichtlich wieder leicht ansteigen.

Auch die Gruppe der 30- bis unter 45-jährigen wird in den kommenden sieben Jahren leicht überdurchschnittliche Einbußen verzeichnen, aber dann bis 2020 die Phase eines leichten Wachstums erleben. Danach dürfte sich der Abwärtstrend fortsetzen.

Die Zahl der älteren Erwerbspersonen hingegen, die über 44 Jahre sind, wird in den nächsten drei Jahren fast stabil bleiben und dann vergleichsweise langsam sinken.

Die aufgezeigten Tendenzen zur Entwicklung der Erwerbspersonen dürften siedlungsstrukturelle Besonderheiten erwarten lassen. So ist bis 2025 mit einem sehr starken Rückgang der Erwerbspersonen von über einem Drittel vorwiegend im Osten des Landes (Bitterfeld, Dessau, Wittenberg) und in Teilen des Harzes (Sangerhausen, Quedlinburg) zu rechnen.

Einen vergleichsweise geringen Rückgang von bis zu einem Viertel dürften hingegen Magdeburg und Halle sowie Teile der sie umgebenden Kreise verzeichnen.

Der Anteil älterer Erwerbstätiger in vielen Berufen und Branchen ist derzeit schon hoch und wird weiter steigen. Demzufolge wird auch der Ersatzbedarf stetig zunehmen.

Insbesondere in den Bereichen öffentliche Verwaltung als auch bei den Gesundheits- und Sozialberufen (hier v.a. Ärzte) sind deutlich mehr Ältere beschäftigt.

Daten für Sachsen-Anhalt belegen dies ebenfalls: In den Gesundheits- und Sozialberufen stieg auch in Sachsen-Anhalt der Anteil der über 54-jährigen in diesem Bereich deutlich an. Lag der Anteil 1999 noch bei 9,6 Prozent, betrug der Anteil 2009 schon 14,6 Prozent (FUCHS et al. 2010).

Ein extremer Bedarf wird v.a. im Lehrerberuf bestehen. Hier hat sich der Anteil der Älteren am deutlichsten erhöht.

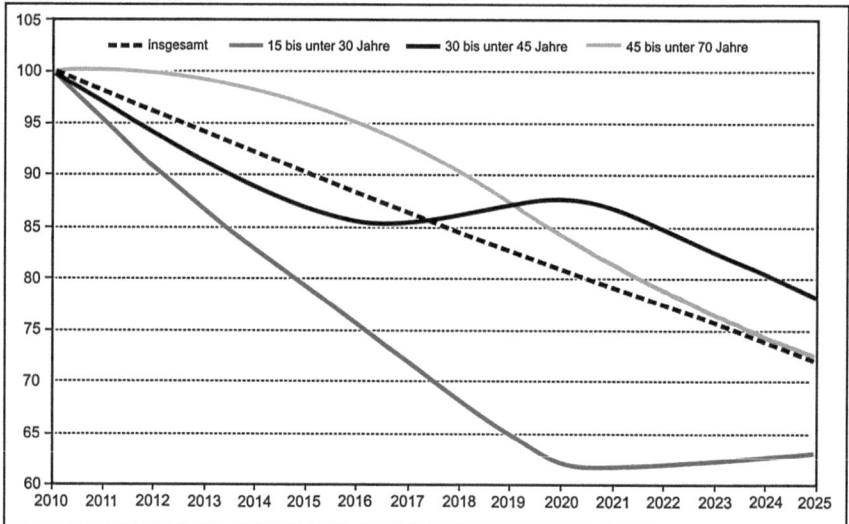

Abb.3.5: Prognostizierte Entwicklung der Erwerbspersonen in Sachsen-Anhalt, 2010 bis 2025 (Index: 2010=100)
(BBSR (2009); IAB Regional 03/ 2010, S.36)

3.1.3 Fachkräftebedarf

Aktuell gibt es keinen flächendeckenden Fachkräftemangel in Sachsen-Anhalt, jedoch sind Engpässe und ein erster Mangel in einzelnen Berufsgruppen erkennbar. Dies gilt insbesondere für technische Berufsfelder, darunter Ingenieure, als auch Fachkräfte und zunehmend Spezialisten in den Bereichen Maschinen- und Fahrzeugtechnik, Mechatronik, in der Energie- und Elektrobranche sowie in der Kunststofftechnik, im technischen Zeichnen sowie bei Konstruktion und Modellbau.

Daneben ist ein Mangel in einzelnen Berufen erkennbar. Dies gilt insbesondere für Berufskraftfahrer oder Fachkraft für Sanitär, Heizung und Klimatechnik.

Eine weitere Gruppe, die einen Mangel aufweist, sind die Gesundheits- und Pflegeberufe, hier insbesondere die Humanmediziner (ohne Zahnmedizin), examinierte Fachkräfte Gesundheits- und Krankenpflege sowie examinierte Fachkräfte in der Altenpflege.

3.2 Zwischenfazit

Dem demografischen, sektoralen und qualifikatorischen Strukturwandel gelten die Herausforderungen der Zukunft in Sachsen-Anhalt. Dabei sind die neuen Bundesländer insbesondere vom demografischen Wandel stärker betroffen, weil dieser hier früher beginnt, stärker zum Tragen kommt und der finanzielle Bewegungsspielraum deutlich eingeschränkt ist. Zudem gibt es hier das Problem der Standortattraktivität.

Bereits heute lässt sich beobachten, dass sich der Arbeitsmarkt verändert, bedingt auch durch äußere Einflüsse wie der Internationalisierung und Globalisierung. Damit verbunden sind zunehmende Qualifikationsanforderungen der Betriebe in Kombination mit einer steigenden Nachfrage nach qualifizierten Arbeitskräften (insbesondere Akademikern) und einem Rückgang in der Nachfrage nach Geringqualifizierten.

Die gegenwärtige Entwicklung verstärkt die Spaltung des Arbeitsmarktes in einen mit qualifizierten, gut bezahlten und unbefristeten Jobs einerseits und niedrig entlohnten, unsicheren Beschäftigungsverhältnissen andererseits, der sich häufig auch durch gebrochene Erwerbsbiografien auszeichnet.

Wichtig wird daher die Fachkräftesicherung, die nicht nur auf nationaler Ebene, sondern insbesondere auf regionale Ebene die Arbeitsmarktpolitik entscheidend beeinflusst. Eine Bedingung ist eine bessere Vernetzung der Akteure, eine regionale Koordination und Evaluation der ergriffenen Maßnahmen sowie eine Investition in die "weichen" Standortfaktoren und die Unternehmenskultur. Insoweit sollte die demografische Herausforderung auch als eine Chance begriffen werden.

3.3 Rahmenbedingungen zur Überwindung des Fachkräftedefizits

Für die Klärung der Frage, welchen Herausforderungen sich eine regionale Arbeitsmarktpolitik künftig stellen muss, ist sowohl die Betrachtung der kurzfristigen Entwicklung als auch eine umfassende Analyse der langfristigen Trends wie Demografie, strukturelle Veränderungen und Globalisierung wichtig. Denn: Zwischen der Bevölkerungs- und der Wirtschaftsentwicklung einer Region bestehen erhebliche Wechselwirkungen. Insbesondere die Demografie hat unmittelbaren Einfluss auf die Wirtschaft und den Arbeitsmarkt. Daran wird sich die regionale Arbeitsmarktpolitik messen.

Insgesamt geht im Zeitraum von 2010 bis 2025 die Zahl der Einwohner in Deutschland um 2,783 Millionen (3,4 Prozent) zurück (STATISTISCHES BUNDESAMT 2009). Deutliche Unterschiede gibt es zwischen den Bundesländern: Die Bevölkerung in Ostdeutschland wird relativ stärker zurückgehen als in Westdeutschland. Dabei muss Sachsen-Anhalt mit einem Verlust von 362.000 Einwohnern (15,0 Prozent) rechnen (eigene Berechnungen auf Grundlage der 5. Bevölkerungsvorausberechnung des STATISTISCHEN LANDESAMTES SACHSEN-ANHALT). Dies entspricht dem höchsten Verlust aller Bundesländer. Sachsen-Anhalt ist damit am stärksten betroffen.

Die Unterschiede zwischen Ost und West liegen darin begründet, dass in den neuen Bundesländern generell die regionale Nachfrage stärker ausgeprägt ist. Damit wird sich der Bevölkerungsverlust - unter sonst gleichen Bedingungen – stärker auf die Arbeitskräftenachfrage auswirken als im alten Bundesgebiet. Als Konsequenz werden gut qualifizierte Fachkräfte knapp.

Die ostdeutschen Länder nehmen damit eine Entwicklung vorweg, die in ähnlicher Form in Westdeutschland mit einer Verzögerung von einigen Jahren ebenfalls eintreten wird. Der demografische Wandel wird das künftige Angebot an Arbeitskräften gravierend beeinflussen, aber auch die Nachfrageseite wird davon berührt.

Die Grundlage für das Angebot bildet die Bevölkerung im erwerbsfähigen Alter, also die 15- bis 65-jährigen. Die stark besetzten Altersjahrgänge scheiden allmählich aus dem Erwerbsleben aus. Dagegen bestimmen die Pillenknick - und vor allem die Wendeknick-Generation das Bild. Modellrechnungen gehen davon aus, dass das verfügbare Arbeitskräfteangebot ab etwa dem Jahr 2017/ 2018 in Ostdeutschland nicht mehr ausreichen dürfte, um die Nachfrage zu decken (RAGNITZ 2011: S. 3-6).

Die für den Arbeitsmarkt relevante Zahl der Personen im erwerbsfähigen Alter wird in Sachsen-Anhalt um 372.000 (-24,7 Prozent) zurückgehen. Der stärkste Rückgang wird die Gruppe der jüngeren Erwerbspersonen bis 30 Jahre betreffen (Sachsen-Anhalt: -17,9 Prozent). Demgegenüber steigt die Zahl der Älteren in Sachsen-Anhalt um 98.000 (+12,3 Prozent) an. Die starken Rückgänge sowohl der jungen als auch der mittleren Generation sind gleichermaßen in den anderen ostdeutschen Flächenländern zu beobachten.

Der demografische Wandel als Leistungsgrenze für Arbeitsmärkte? 43

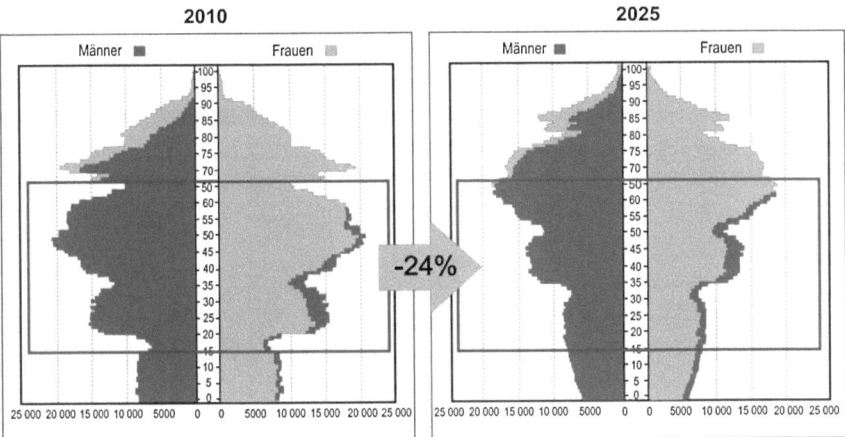

Abb. 3.6: Bevölkerungspyramiden Sachsen-Anhalt 2010 und 2025 (FUCHS et al. 2010: S.17)

Die künftige Bevölkerungsentwicklung hat direkte Auswirkungen auf die Zahl der Schulabgänger und damit auf das Potenzial für Ausbildung, Studium und Beschäftigung. In Übereinstimmung mit der Bevölkerungsentwicklung ist die Zahl der Schulabgänger mit Realschulabschluss und mit Hochschulreife seit 2000 dramatisch zurückgegangen. Im Jahr 2011 hat die Region den stärksten Rückgang hinter sich. Positiv ausgedrückt, dürfte die Zahl der Schulabgänger also in den kommenden Jahren stabil bleiben.

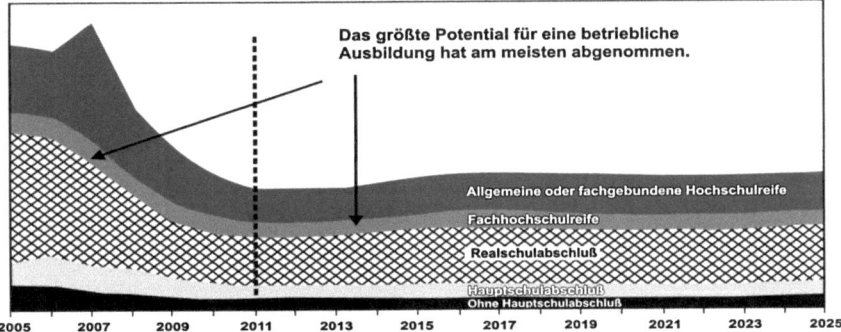

Abb. 3.7: Zahl der Schulabgänger nach Abschluss in Sachsen-Anhalt 2005 bis 2025 (STATISTISCHES LANDESAMT SACHSEN-ANHALT)

Negativ ausgedrückt, ist in Zukunft nicht mit einem großen Plus an Nachwuchskräften direkt aus der Region zu rechnen. Da den anderen Regionen in Ostdeutschland und teilweise auch in Westdeutschland genau die gleiche Entwicklung bevorsteht, lässt sich hieraus schon ein Wettbewerb um die besten Köpfe ablesen, der in Zukunft eher noch stärker werden wird. Die Attraktivität der Beschäftigung spielt eine entscheidende Rolle bei der Auswahl des Arbeitsplatzes und daher letztlich bei der Wahl des Wohnortes- und dabei, ob dieser in Sachsen-Anhalt bleibt.

Der Anteil atypischer Beschäftigungsverhältnisse ist im Jahr 2012 in Sachsen-Anhalt weiter angestiegen. In 70 Prozent aller Betriebe gab es mindestens eine Form atypischer Beschäftigung (Teilzeit, Befristung oder Leiharbeit) (INSTITUT FÜR ARBEITSMARKT- UND BERUFSFORSCHUNG 2013: S. 30). Über ein Drittel der Betriebe stellen ausschließlich befristet ein. Dies bietet unbesehen keinen Vorteil im Wettbewerb um Fachkräfte (INSTITUT FÜR ARBEITSMARKT- UND BERUFSFORSCHUNG 2013: S. 39).

Außerdem gibt es eine vergleichsweise niedrige Tarifbindung (Tarifbindung in Sachsen-Anhalt: 25 Prozent der Betriebe und 52 Prozent der Beschäftigten / Ost: 21 Prozent der Betriebe und 49 Prozent der Beschäftigten / West: 60 Prozent der Betriebe und 34 Prozent der Beschäftigten) (INSTITUT FÜR ARBEITSMARKT- UND BERUFSFORSCHUNG 2013: S. 99). Mit einer Bezahlung von durchschnittlich 77 Prozent bis 80 Prozent des westdeutschen Lohnniveaus sind die Einkommen in Ostdeutschland immer noch deutlich niedriger als in Westdeutschland (BUNDESMINISTERIUM DES INNERN 2013: S.101). Zwischen den Branchen bestehen natürlich sowohl in der Ausprägung atypischer Beschäftigungsverhältnisse, als auch in der Tarifbindung und im Lohnniveau beträchtliche Unterschiede.

3.4 Handlungsansätze

Das Fachkräfteangebot lässt sich nur durch einen Mix verschiedener Hebel nachhaltig steigern. Die Erhöhung der Anzahl qualifizierter Arbeitskräfte sowie qualifizierter Fachkräfte innerhalb Deutschlands, aber auch die Zuwanderung von qualifizierten Fachkräften spielen neben der Erhöhung der Wertschöpfung der Arbeitskräfte sowie der Steigerung des Arbeitszeitvolumens und der Ausbildung und Qualifizierung eine große Rolle. Auch eine erhöhte Transparenz des Arbeitsmarktes kann das unmittelbare Fachkräfteangebot für die Unternehmen seigern.

Die Handlungsschwerpunkte 2013 der Bundesagentur für Arbeit sind entsprechend an diesen Hebeln ausgerichtet:

Es gilt, den Fachkräftebedarf der Region zu sichern und Armutsrisiken durch Erwerbsbeteiligung zu reduzieren. Daher müssen vorhandene Potenziale ausgeschöpft und somit das eigene Erwerbspersonenpotenzial optimal erschlossen werden:

Die Sicherung des Fachkräftebedarfs der Region bedeutet, Potenziale der Erwerbsbeteiligung insbesondere bei Frauen und Älteren auszuschöpfen, z.B. Maßnahmen zur Verbesserung der Work Life Balance durch Förder- und Weiterbildungsmaßnahmen für Mütter bei Wiedereinstieg oder Ältere beim Verbleib im Erwerbsleben zu verankern.

Ausbildung und Qualifizierung kann man nur forcieren, indem man die Bildungsbeteiligung steigert. Gleichzeitig sollte versucht werden, die Abbrecherzahl bei Aus- und Weiterbildung zu verringern und die Bildungslücken bei Geringqualifizierten zu schließen, z.B. im Rahmen des Programmes Initiative zur Flankierung des Strukturwandels (IFlaS). Das Nachholen von Bildungs- und Berufsabschlüssen sichert bei Geringqualifizierten dabei enorm die Beschäftigungschancen.

Besonders wichtig ist, dass Jugendliche gut informiert und mit klarer Orientierung ins Berufsleben starten. Es muss gelingen, diese Potenziale frühzeitig zu erschließen.

Die Arbeitsagentur strebt mithilfe der integrationsorientierten Nutzung ausgewählter Personengruppen des regionalen Arbeitsmarktes an, die sozialen Ungleichgewichte zu vermeiden und letztlich Armutsrisiken durch Erwerbsbeteiligung zu reduzieren. Primäres Ziel ist dabei, möglichst viele Menschen in reguläre Arbeit zu bringen und ihnen so gesellschaftliche Teilhabe zu ermöglichen. Dabei kooperiert die Arbeitsagentur eng mit den Kommunen, die Leistungen anbieten, wie Sucht- oder Schuldnerberatung. Die Aktivitäten werden daher auf Personen mit erheblichen Risiken zur Verfestigung der Arbeitslosigkeit konzentriert. Hierzu zählen Alleinerziehende, Jüngere ohne Schul- und Berufsabschluss, Bedarfsgemeinschaften mit Kind.

Ein besonderer Fokus liegt auf jungen Erwachsenen im Alter von 25 bis unter 35 Jahren ohne berufsqualifizierenden Abschluss. Sie sind häufiger arbeitslos, seltener in Vollzeit beschäftigt und geringer entlohnt als Fachkräfte. Die „Erstausbildung junger Erwachsener" steht bundesweit als Handlungsschwerpunkt 2013 im Mittelpunkt unserer Arbeit. Angesichts der hohen Zahl von Arbeitslosen ohne Ausbildung in den Jobcentern ist es erforderlich, dass zusätzlich in abschlussorientierte Aus- und Weiterbildung investiert wird.

Präventiv gibt es viele verschiedene Wege, um Arbeitslosigkeit zu vermeiden - von der bestmöglichen Berufsorientierung für Jugendliche über die Qualifizierungsberatung für Beschäftigte und ihre Arbeitgeber bis hin zur Job-to-Job-Integration von Arbeitsuchenden.

Fachkräftesicherung ist nur im gemeinsamen Agieren der Arbeitsmarktpartner erfolgreich. Daher ist es wichtig, dass alle Akteure einen Beitrag leisten. Unternehmen können zum Beispiel im Rahmen des „Employer Branding" Fachkräfte besser halten und neue gewinnen. Durch die verbesserte Zusammenarbeit mit der Wirtschaft gelingt es, Berufsorientierung praxisnah zu gestalten und somit den Fachkräftenachwuchs zu sichern. Beispiele dafür sind Schülerpraktika anzubieten, Girl's Day-Angebote zu nutzen sowie sich am Tag der Berufe zu beteiligen, einen eigenen Tag der offenen Tür zu organisieren oder gemeinsam Lehrerfortbildungen / Lehrerpraktika zu initiieren.

Um den Nachwuchs auf Expertenebene (Ingenieure und mittleres Management) zu sichern, können beispielsweise Themen für Bachelor- oder Masterarbeiten angeboten werden. Auch eine noch engere Verzahnung mit (Fach)Hochschulen und Universitäten hat sich ebenso bewährt, wie Kooperationen mit Forschungsinstituten, die noch weiter vorangetrieben werden können.

Um das Lebenslange Lernen der Belegschaft zu fördern, gilt es, das InnovationsPotenzial durch die Weiterqualifizierung der Mitarbeiter zu erhalten und v.a. Erfahrungen älterer Beschäftigter zu nutzen. Dies gelingt zum Beispiel durch altersgemischte Teams. Klein- und mittelständischen Unternehmen bietet die Bundesagentur für Arbeit im Rahmen des WeGebAU-Programms (Förderprogramm der Bundesagentur für Arbeit: Weiterbildung Geringqualifizierter und beschäftigter Älterer in Unternehmen) Fördermöglichkeiten für Anpassungsqualifizierungen. Gern wird auch unsere Qualifizierungsberatung mit Analyse der Altersstruktur sowie der Qualifikationen genutzt.

Mit einer guten Work Life Balance gelingt es, ein gutes Betriebsklima zu erhalten und langfristig Personal zu binden sowie altersgerechtes Arbeiten anzubieten.

Zusätzlich können Unternehmer natürlich auch die Potenziale der Zuwanderung nutzen.

Für die zukünftige Entwicklung der Wirtschaft in Ostdeutschland spielt die Attraktivität des Standortes eine maßgebliche Rolle. Standortqualität bemisst sich im demografischen Wandel auch an Faktoren, die für potentielle Beschäftigte wichtig sind. Dazu gehören zum Beispiel gute Möglichkeiten zur Kinderbetreuung, Vereinbarkeit von Familie und Beruf und nicht zuletzt die Höhe der Einkommen.

Die Landesregierungen können u.a. einen Beitrag bei der Gestaltung des Übergang Schule-Beruf leisten, u.a. im Bereich Berufsorientierung bei der Erarbeitung und Umsetzung einer Landesstrategie oder durch den Abschluss einer neuen Vereinbarung Schule-Beruf. Auch bildungspolitische Aufgaben obliegen der Landesregierung, u.a. bei der Bekämpfung der Analphabetisierung. Fachkräftesicherung ist für alle ein wichtiges Stichwort: So ist die Anerkennung für landesseitig geregelte Berufe ein wichtiger Schritt.

Auch die Integration von Menschen mit Behinderung ist eine gemeinsame Aufgabe. Zusammen wird die Kooperation nach Ende des Bundesprogrammes Initiative Inklusion fortgesetzt.

Am 01.Juli 2013 ist die neue Beschäftigungsverordnung in Kraft getreten, die auch eine erleichterte Zuwanderung von Fachkräften aus Nicht-EU-Ländern ermöglicht.

3.5 Fazit

Bis 2025 geht die Zahl der Personen im Erwerbsalter in Deutschland um bis zu 6,5 Millionen zurück (BUNDESAGENTUR FÜR ARBEIT; eigene Berechnungen). Dadurch fehlen der Wirtschaft vor allem qualifizierte Fachkräfte, um das Wachstum und damit den Wohlstand in Deutschland zu sichern. Auf dem Arbeitsmarkt spürt man die Auswirkungen der demografischen Entwicklung am stärksten.

Demografische Veränderungen und die kleiner werdenden finanziellen Spielräume sind in den nächsten Jahren wichtige Rahmenbedingungen für Politik, Verwaltung und Wirtschaft. Die demografische Entwicklung führt dazu, dass die Zahl der Beitragszahler immer weiter sinkt, die Zahl der Rentenbezieher hingegen steigt. Denn je weniger Arbeitnehmer, desto geringer sind die Steuereinnahmen sowie die Renten-, Sozial- und Krankenversicherungsbeiträge. Es droht Wohlstandsverlust und Altersarmut. Der bekannte Bevölkerungswissenschaftler Herwig Birg stellte unlängst fest, demografisch gesehen sei es in Deutschland „Dreißig Jahre nach zwölf" – ein Befund, der Versäumnisse in der Vergangenheit beklagt, aber sicher auch aufrütteln will. Denn Gott sei Dank tickt die demografische Uhr nur langsam. Es bleibt also noch Zeit, um gegenzusteuern. Gleichwohl ist rasches Handeln angezeigt, weil alle Maßnahmen nur mit Verzögerung wirken.

Fakt ist: Der demografische Wandel beeinflusst zunehmend sowohl die Angebotsseite, als auch die Nachfrageseite. Kurzfristige Auswirkungen des demografischen Wandels sind in naher Zukunft sichtbar: Der Rückgang des Arbeitsangebots ab 2020 und die Alterung der Erwerbsbevölkerung. Ostdeutsche Länder sind davon früher und am stärksten betroffen. Langfristige Auswirkungen des demografischen Wandels haben massiven Einfluss auf das künftige Angebot an Arbeitskräften, das schrumpfen wird.

Das Ausmaß dieser Schrumpfung hängt jedoch auch von der Ausschöpfung des Erwerbspersonenpotenzials und damit auch von arbeitsmarktrelevanten Politikentscheidungen ab.

Eine am regionalen Bedarf orientierte Neuorganisation der technischen und sozialen Daseinsvorsorge ist erforderlich, um ein lebenswertes Umfeld, insbesondere auch außerhalb der städtischen Zentren, zu erhalten. Wirtschaft, Sozialpartner, Gesellschaft und Politik sind hier gemeinsam gefordert, um *jetzt* ein abgestimmtes und engagiertes Wirken auf allen Ebenen zu bewirken. Dennoch: Es bleibt ein hohes Risiko, dass nicht alle prognostizierten Auswirkungen abgemildert werden können.

Der demografische Wandel stellt den Arbeitsmarkt vor Herausforderungen, bietet aber gleichzeitig auch Chancen.

Der demografische Wandel als Leistungsgrenze für Arbeitsmärkte?

Literatur- und Quellenverzeichnis

Bundesministerium des Innern (Hrsg.): IAB-Betriebspanel Ostdeutschland - Ergebnisse der 17. Welle 2012, Berlin, 2013
Bundesagentur für Arbeit (Hrsg.), Statistik nach Regionen; Bund Länder & Kreise, URL: http://statistik.arbeitsagentur.de/Navigation/Statistik/Statistik-nach-Regionen/Politische-Gebietsstruktur-Nav.html, Abruf: 11.11.13, 2013
Engelmann, Sabine; Fuchs, Michaela: Exportverhalten in West- und Ostdeutschland - Determinanten und Anpassungsprozesse, In: Schmollers Jahrbuch, Zeitschrift für Wirtschafts- und Sozialwissenschaften, Bd. 132, H. 4, S. 549-580, 2012
Fuchs, Michaela; Sujata, Uwe; Weyh, Antje: Herausforderungen des demografischen Wandels für den Arbeitsmarkt in Sachsen-Anhalt, IAB-Regional, Berichte und Analysen aus dem Regionalen Forschungsnetz. IAB Sachsen-Anhalt-Thüringen, Nürnberg, 2010
Institut für Arbeitsmarkt- und Berufsforschung, IAB-Betriebspanel Sachsen-Anhalt, Ergebnisse der 17. Welle 2012, Berlin, 2013
Möller, Joachim: Mythen der Arbeit - Dienstleistungen sind die Jobs der Zukunft - stimmt's?, in: Spiegel Online, URL: http://www.spiegel.de/karriere/berufsleben/dienstleistungen-sind-die-jobs-der-zukunft-mythen-der-arbeit-a-929038.html, Abruf: 11.11.13, 2013
Ragnitz, Joachim: Auf dem Weg zur Vollbeschäftigung - Implikationen der demographischen Entwicklung für den ostdeutschen Arbeitsmarkt, in: ifo Dresden berichtet 2/2011, 2011
Statistisches Bundesamt: 12.Bevölkerungsprognose des Statistischen Bundesamtes, 2009
Statistisches Landesamt Sachsen-Anhalt, 5. Regionalisierte Bevölkerungsvorausberechnung, 2009

Teil 2

DEMOGRAFIE UND UNTERNEHMEN

Die Auswirkungen des demografischen Wandels auf Sachsen-Anhalts Unternehmen - die Bedeutung älterer Arbeitnehmer

Jana Meyer

Abstract

Im Zusammenhang mit dem demografischen Wandel und der daraus resultierenden Fachkräftemangeldiskussion werden zunehmend Forderungen laut, Handlungsstrategien zu entwickeln, damit die wirtschaftliche Entwicklung des Landes nicht durch demografische Veränderungen gehemmt wird. Dabei werden den Potenzialen älterer Arbeitnehmer eine bedeutende Rolle im Umgang mit dem Fehlen von qualifiziertem Personal zugeschrieben.

Im Rahmen eines Forschungsprojektes an der Martin-Luther-Universität Halle-Wittenberg wurde u.a. dieser Frage nachgegangen. Es kann bereits jetzt festgehalten werden, dass um einem aktuellen oder zukünftigen Fachkräftemangel entgegenzuwirken, in Zeiten des voranschreitenden demografischen Wandels eine gezielte (Weiter-)Beschäftigung älterer Menschen unabdingbar ist. Die Alterskohorte der ab 50-jährigen wird zukünftig eine bedeutendere Rolle in den Belegschaften spielen. Der jahrelang praktizierte „Jugendwahn" in deutschen Unternehmen kann in einem Bundesland wie Sachsen-Anhalt, welches von den Auswirkungen des demografischen Wandels vergleichsweise stark betroffen ist, so nicht weitergeführt werden. Daher müssen Strategien entwickelt werden, die es ermöglichen Arbeitnehmer möglichst lange im Unternehmen zu halten, um deren Know-how zu sichern. Fördermaßnahmen, insbesondere für Ältere, wird daher vermehrt Aufmerksamkeit gewidmet. Inwiefern derartige Maßnahmen in den kleinen und mittleren Unternehmen des Bundeslandes bereits identifiziert, formuliert, operationalisiert und implementiert sind, wird in dem vorliegenden Beitrag thematisiert.

4.1 Demografischer Wandel in Sachsen-Anhalt

„Die Jungen laufen schneller – aber die Alten kennen die Abkürzungen"[1]

Bei dem demografischen Wandel handelt es sich nicht um einen neu auftretenden Prozess. Im Gegenteil: demografische Veränderungen fanden schon immer statt und werden weiterhin stattfinden. Jedoch beschäftigen die mit dem Wandel einhergehenden Phänomene erst seit einigen Jahren Wissenschaft und aufgrund ihrer immensen gesellschaftlichen Relevanz vermehrt auch politische Akteure. Dabei wird im Allgemeinen unter dem demografischen Wandel das zunehmende

---

1 Commerzbank 2009: S.6

Altern, die Schrumpfung und Ausdifferenzierung der Gesellschaft verstanden, welche durch rückläufige Geburtenraten, eine zunehmende durchschnittliche Lebenserwartung sowie Migrationsprozesse verursacht wird (BÄHR 2004: S.240f.; BIRG 2005: S.114).

Sachsen-Anhalt gilt als ein vergleichsweise stark vom demografischen Wandel betroffenes Bundesland. Jeweils zu ca. 50 Prozent tragen die natürliche Bevölkerungsbewegung (vgl. Abb. 3.1) und das Wanderungssaldo (vgl. Abb. 3.2) zum Bevölkerungsverlust in Sachsen-Anhalt bei, der sich auf ein Minus von 18,75 Prozent seit der Wende beläuft (vgl. Abb. 3.3). Die 5. Regionalisierte Bevölkerungsvorausberechnung des Statistischen Landesamts prognostiziert bis 2025 einen weiteren Rückgang um 16,7 Prozent (vgl. STALA LSA 2010)

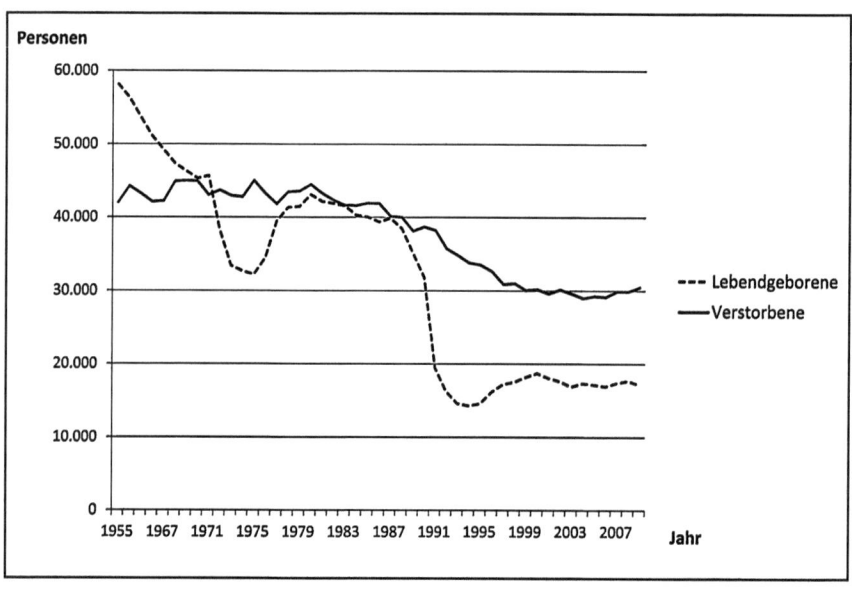

Abb. 4.1: Natürliche Bevölkerungsbewegung in Sachsen-Anhalt (eigene Darstellung nach Statistisches Monatsheft 01/2011 STALA LSA, S. 7)

Aufgrund der vergleichsweise hohen Abwanderung vor allem junger Menschen wirken sich Migrationsprozesse, die alters- und geschlechtsspezifisch sehr unterschiedlich verlaufen, in Sachsen-Anhalt besonders gravierend aus (FRIEDRICH/SCHULTZ 2007: S.29).

Die Auswirkungen des demografischen Wandels auf Sachsen-Anhalts Unternehmen 55

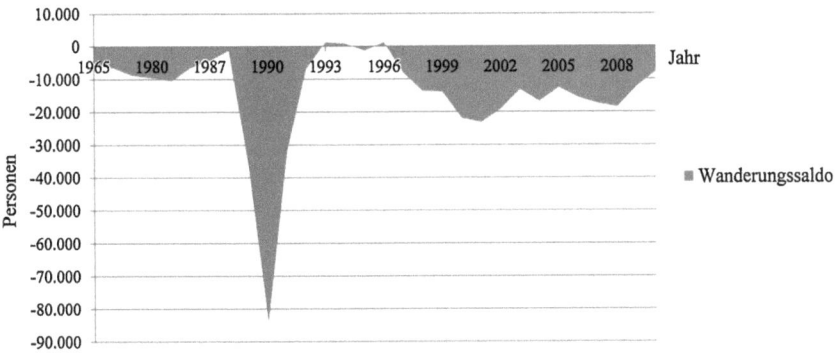

Abb. 4.2: Wanderungssaldo in Sachsen-Anhalt
(eigene Darstellung nach Statistisches Monatsheft 08/2009, STALA LSA)

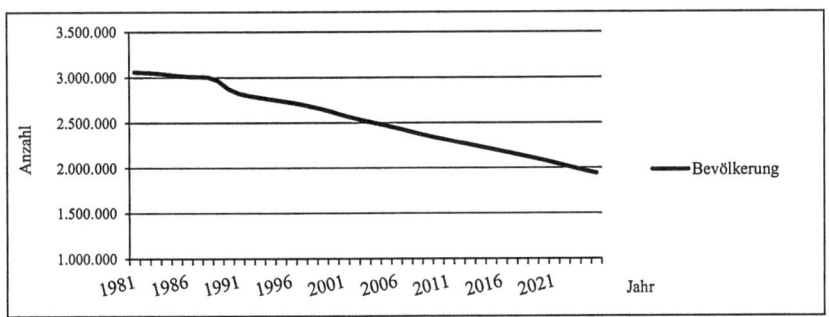

Abb. 4.3: Bevölkerungsentwicklung in Sachsen-Anhalt
(eigene Darstellung nach STALA LSA, Bevölkerungsbestand und Bevölkerungsprognose)

Tabelle 4.1: Altersspezifische Wanderungssalden in Sachsen-Anhalt 1999 – 2010
(STALA LSA, Statistische Berichte A III/j10)

Alter	1999	2000	2001	2002	2003	2004	2005	2006	2007	2008	2009	2010
unter 5	-92	-644	-835	-487	-232	-241	-34	-377	-222	-374	-33	94
5 bis 15	-828	-1.859	-2.176	-1.374	-795	-734	-590	-1.075	-831	-1.002	-662	-347
15 bis 20	-1.788	-2.613	-1.886	-2.024	-1.512	-1.609	-1.450	-1.501	-2.096	-1.808	-861	-273
20 bis 25	-3.560	-5.906	-6.518	-5.975	-4.356	-4.926	-3.933	-4.576	-5.206	-4.607	-2.687	-1.720
25 bis 50	-6.604	-9.797	-10.547	-8.158	-5.541	-8.002	-5.943	-7.010	-7.683	-9.247	-6.713	-4.534
50 - 65	-628	-714	-863	-752	-421	-805	-271	-566	-828	-898	-636	-385
65 und mehr	-370	-377	-376	-403	-370	-516	-389	-621	-742	-630	-768	-645
insgesamt	-13.870	-21.910	-23.201	-19.173	-13.227	-16.833	-12.610	-15.726	-17.508	-18.566	-12.360	-7810

Bereits 1999 betrug der Anteil der Altersgruppe 20-50 an den Nettowanderungsverlusten 73 Prozent. Bis 2010 steigerte sich dieser relative Anteil bei absolut abnehmenden Wanderungsverlusten auf 80 Prozent (STALA 2010). Diese Wanderungsverluste verstärken den ohnehin in Sachsen-Anhalt bestehenden natürlichen Bevölkerungsrückgang (FUCKE 2011: S.5f.) tragen aber in weiterer Konsequenz insbesondere zur Reduktion des Anteils der arbeitsfähigen Bevölkerung bei (vgl. Abb. 4.4).

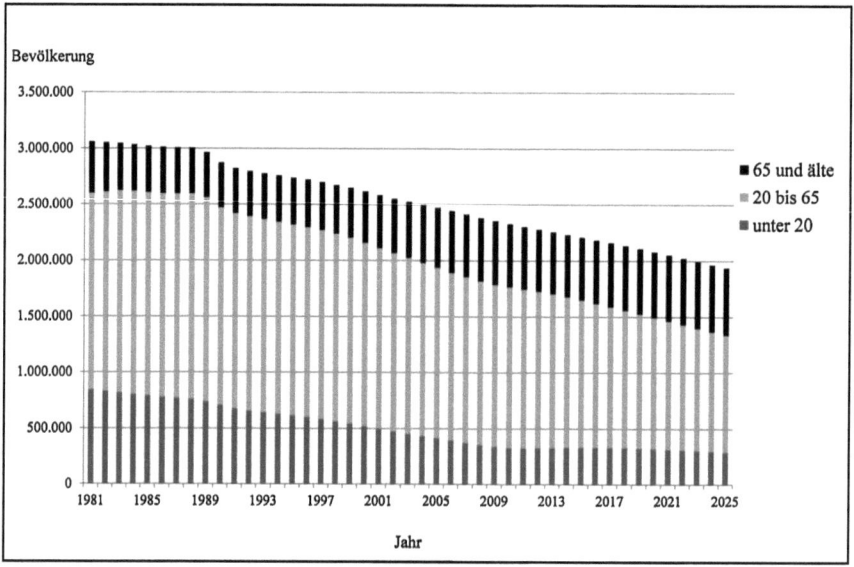

Abb. 4.4:   Entwicklung des Erwerbspersonenpotentials in Sachsen-Anhalt (eigene Darstellung nach STALA LSA 2010 und STALA LSA 2012)

Die Bevölkerungsprognosen des Statistischen Bundesamtes (STATISTISCHES BUNDESAMT 2010) sowie des Statistischen Landesamtes (STALA LSA 2010) prognostizieren einen anhaltenden Rückgang der Bevölkerung sowohl auf Bundesebene als auch im Land Sachsen-Anhalt (vgl. Abb. 4.4). Der Anteil der erwerbsfähigen Bevölkerung an der Gesamtbevölkerung lag um die Jahrtausendwende bei 62,7 Prozent. Innerhalb des in der Bevölkerungsprognose erfassten Zeitraums bis 2025 reduziert sich dieser Anteil auf nur noch 53,8 Prozent (vgl. STALA LSA 2010).

Bisherige Analysen haben sich in erster Linie auf das zunehmende Altern der Bevölkerung insgesamt und den damit verbundenen Konsequenzen für die Gesellschaft konzentriert (vgl. BMI 2011: Kapitel 3.1; STEINMANN/TAGGE 2002). Da man von einer ausreichenden Flexibilität der Arbeitsmärkte ausging, wurden die Auswirkungen auf die Altersstruktur der Erwerbstätigen dabei eher vernachlässigt. Insbesondere das vermehrt wahrgenommene Problem des Facharbeitermangels wird auch aktuell noch primär als ein Ausbildungsproblem thematisiert. In der bundesweiten DIHK-Studie gaben im Herbst 2011 noch 52 Prozent der Unternehmen als Lösung des Fachkräfteproblems den weiteren Ausbau des Ausbildungsengagements an (DIHK 2011: 11). Insgesamt betonen aber auch GRUNDIG/POHL (2007: S.3), dass insbesondere für den ostdeutschen Arbeitsmarkt hinsichtlich der Konsequenzen des demografischen Wandels bisher kein vollständiges Bild existiere.

Aufgrund dessen sowie der bereits erwähnten besonderen Betroffenheit Sachsen-Anhalts wurde daher an der Martin-Luther-Universität Halle-Wittenberg zwischen August 2010 und Juli 2013 am Lehrstuhl für Wirtschaftsgeographie der Frage nachgegangen, inwiefern der demografische Wandel eine Bedeutung für die kleinen und mittleren Unternehmen (KMU) Sachsen-Anhalts hat[2]. Im Rahmen der Abschlusstagung entstand dieser Artikel, der sich auf Teile der angebotsorientierten Seite des Forschungsprojekts konzentriert und die Bedeutung von älter werdenden Belegschaften für KMU untersucht. Das Ziel ist es dabei, die Wirkungszusammenhänge zwischen demografischem Wandel und Beschäftigtenstruktur am Beispiel Sachsen-Anhalts näher zu untersuchen und darzustellen. Dazu wird zunächst kurz die Entwicklung der sozialversicherungspflichtigen Beschäftigung in Sachsen-Anhalt diskutiert, um in einem zweiten Schritt die Entwicklung der Altersstruktur der sozialversicherungspflichtig Beschäftigten (SVB) zu analysieren. Ausgehend von diesen allgemeinen Abhandlungen wird auf Konsequenzen aus der sich verändernden Altersstruktur in kleinen und mittleren Unternehmen eingegangen. Dazu werden Ergebnisse aus Befragungen im Rahmen des o.g. Forschungsprojektes, welche sich direkt auf die Wahrnehmung und Bewertung älterer Arbeitnehmer beziehen, aufgezeigt und bewertet. Abschließend wird die Notwendigkeit der Herausarbeitung von Handlungsstrategien für kleine und mittlere Unternehmen in Sachsen-Anhalt in einem Ausblick dargestellt.

---

2 Der vorliegende Beitrag entstand im Kontext des mit Landesmitteln geförderten Vorhabens „Bedeutung des demografischen Strukturwandels für klein- und mittelständische Unternehmen in Sachsen-Anhalt. Eine angebots- und nachfrageorientierte Analyse der Ursachen, Wirkungen und Konsequenzen auf betrieblicher und sektoraler Ebene" und stellt die Verschriftlichung des Konferenzbeitrags auf der Abschlusstagung des Projekts dar. Im Rahmen des Forschungsprojkts wurde eine 10 %ige Stichprobe der kleinen und mittleren Unternehmen Sachsen-Anhalts zum Thema des demografischen Wandels befragt. Im Zuge einer Telefonbefragung von Geschäftsführern und Personalleitern wurden mit Hilfe eines teilstandardisierten Fragebogens verschiedene Themenblöcke angesprochen und durch vertiefende, qualitative Interviews ergänzt.

4.2 Entwicklung der SV-Beschäftigung in Sachsen-Anhalt

Die Zahl der sozialversicherungspflichtig Beschäftigten (SVB) ist in den letzten zwölf Jahren von 866.750 SVB im Juni 1999 auf 758.839 im Juni 2011 zurückgegangen. Das entspricht einem Rückgang von 12,5 Prozent. Abb. 3.5 verdeutlicht die Zahl der SV-Beschäftigten in dem Zeitraum von 1999 bis 2011. Betrachtet man deren Verlauf, ist auffällig, dass bis 2005 die Zahl der SV-Beschäftigten konstant abnahm. Erst seit dem Jahr 2006 ist wieder ein leichter, aber stetiger Anstieg der Beschäftigung zu verzeichnen. Insgesamt ist aber das Beschäftigungsniveau von 1999 noch nicht wieder erreicht worden. Zu beachten sind auch die in dieser Abbildung nicht darstellbaren saisonalen Schwankungen in der Zahl der SV-Beschäftigung.

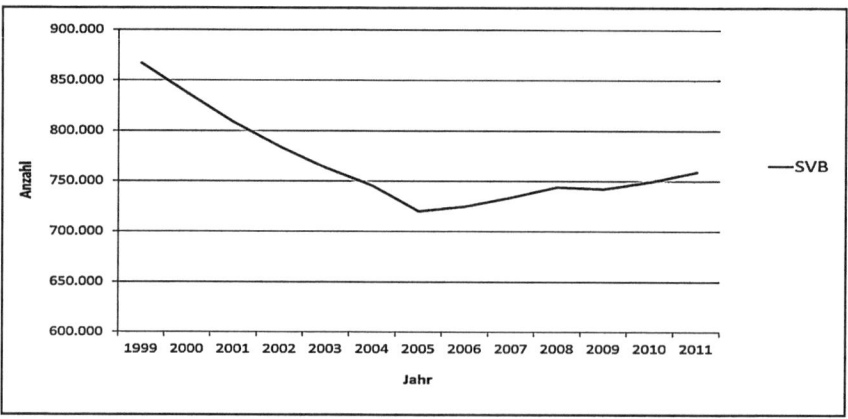

Abb. 4.5:   *Entwicklung Sozialversicherungspflichtig Beschäftigte*
            (eigene Darstellung nach BUNDESAGENTUR FÜR ARBEIT, Beschäftigungsstatistik)

Wenn man die Entwicklung der Altersstruktur der SV-Beschäftigten über den gleichen Zeitraum betrachtet (Abb. 4.6), so lassen sich die Auswirkungen des demografischen Wandels bereits erkennen.
Laut Angaben des Statistischen Landesamts Sachsen-Anhalt und der Agentur für Arbeit hat allein in den letzten zwölf Jahren das Durchschnittsalter der Bevölkerung von 41,16 auf 46,45 Jahre (eigene Berechnung nach STALA LSA 2011a) und das Durchschnittsalter der SVB von 38,70 auf 42,25 Jahre zugenommen (eigene Berechnung nach BUNDESAGENTUR FÜR ARBEIT 2012). Von der Tendenz her werden in Sachsen-Anhalts Unternehmen die Belegschaften zunehmend älter.

Die Auswirkungen des demografischen Wandels auf Sachsen-Anhalts Unternehmen 59

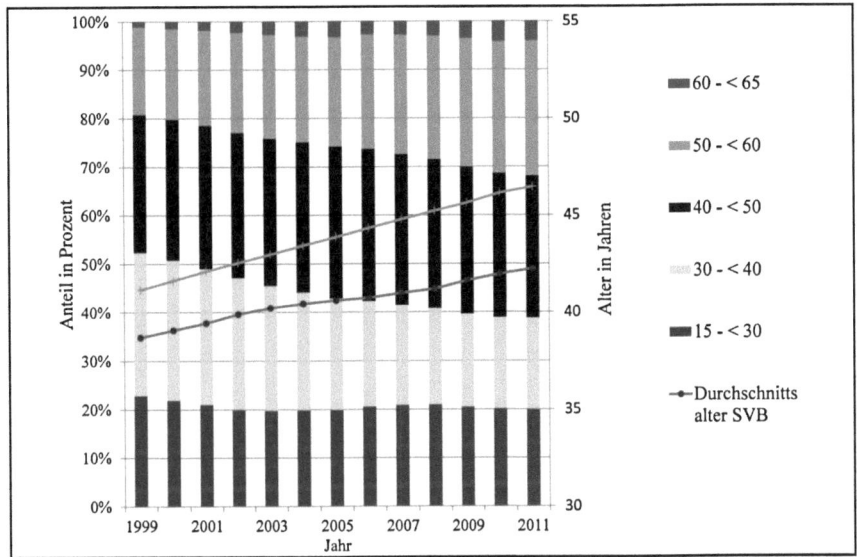

Abb. 4.6: *Entwicklung Altersstruktur der SV-Beschäftigten; in abgewandelter Form bereits veröffentlich in MEYER/THOMI 2012: S. 181*
(eigene Darstellung nach BUNDESAGENTUR FÜR ARBEIT, Beschäftigungsstatistik)

Eine genauere Betrachtung der Alterskohorten zeigt bei den bis 30-jährigen einen relativ konstanten Anteil von ca. 20 Prozent der Belegschaften. Demnach haben die wesentlichen Verschiebungen in den älteren Kohorten stattgefunden. Der Anteil der 30 - 40-jährigen reduzierte sich zwischen 1999 und 2010 von 29,6 Prozent auf nur noch 18,6 Prozent. Der Anteil der 40 – 50-jährigen blieb jedoch relativ konstant und bewegte sich in dem gleichen Zeitraum zwischen 28,41 Prozent und 31,28 Prozent. Am auffälligsten ist aber die gleichzeitige deutliche Zunahme des Anteils der 50-jährigen und älteren an der Gesamtbeschäftigtenzahl. Waren 1999 nur 19,1 Prozent aller SVB 50 Jahre oder älter, so nahm der Anteil dieser Altersgruppe innerhalb der elf Jahre bis auf 31,69 Prozent zu. Diese Zahlen belegen eindeutig, dass der demografische Wandel in den Unternehmen des Landes bereits heute angekommen ist. Die Weiterbeschäftigung von Mitarbeitern über das reguläre Renteneintrittsalter hinaus kann als ein weiterer Beleg dafür herangezogen werden. Im Jahr 2011 machten Beschäftigte, die das Renteneintrittsalter bereits erreicht hatten, erstmals einen Anteil von 1,33 Prozent an der gesamten SV-Beschäftigung im Land Sachsen-Anhalts aus. Das aus den Bevölkerungsprognosen resultierende Erwerbspersonenpotenzial lassen keine Umkehr dieser Entwicklung erwarten. Im Gegenteil: dieser Trend der zunehmenden Alterung der Bevölkerung und als eine

Teilmenge davon der erwerbsfähigen und erwerbstätigen Bevölkerung wird sich aller Vorrausicht nach fortsetzen und sogar verschärfen (MEYER/THOMI 2012: S.189).

Aufgrund unterschiedlichster Qualifikations- und Leistungsanforderungen ist nun davon auszugehen, dass die Unternehmen auf diese zunehmende Alterung der Belegschaften sehr unterschiedlich reagieren. Ältere Arbeiternehmer dürften in manchen Branchen durchaus positiv, in anderen bei evtl. stärkeren physischen Belastungen dagegen eher negativ bewertet werden. Auch dürften die Möglichkeiten des Ausgleichs über die Arbeitsmärkte durchaus branchenspezifische und räumliche Unterschiede aufweisen. Innerhalb des Forschungsprojektes werden diese Unterschiede sowohl branchenspezifisch als auch strukturräumlich spezifisch untersucht. Um einen Überblick über die Situation im gesamten Bundesland geben zu können, wird sich an dieser Stelle auf eine regions- und branchenübergreifende Perspektive konzentriert und räumliche sowie sektorale Unterschiede außen vor gelassen.

4.3 Altersstrukturtypen in Unternehmen

Für Unternehmen ist es wichtig, die Altersstruktur der eigenen Belegschaft zu kennen, um die Struktur für den künftigen Personalbedarf abschätzen zu können. Für die Analyse der Situation im Bundesland ist eine Analyse der Altersstrukturen der SV-Beschäftigten sowie der befragten Unternehmen sinnvoll. Zum einen lässt sich so eine bessere Einordung der Altersverteilung erstellen, zum anderen ermöglicht es einen direkten Vergleich zwischen dem gesamten Bundesland und der Stichprobe. Theoretische Ausführungen dazu liefert Buck, der typische Altersstrukturen, wie sie in Unternehmen vorkommen können entsprechend der in Abb. 4.7 dargestellten idealtypischen Form, klassifiziert (vgl. BUCK 2007: S.6).

In Abb. 4.8 und Abb. 4.9 sind die angesprochenen Altersstrukturen aller SV-Beschäftigten im Bundesland (vgl. Abb. 4.8) sowie der Mitarbeiter in den befragten Unternehmen (vgl. Abb. 4.9) dargestellt. In ihrer Verteilung ähneln sich die beiden Darstellungen sehr. Beide Altersstrukturen lassen sich als Zwischenform von Bucks idealtypischen Verteilungen interpretieren. So kann man beide zwischen dem komprimierten und dem alterszentrierten Typus von Altersstrukturen in Unternehmen einordnen. Davon bleibt ungeachtet, dass es sich nicht um unternehmerische Altersstrukturen handelt, sondern unternehmensübergreifende Darstellungen. Auf die Einordnung hat dies jedoch keinen Einfluss.

Beim direkten Vergleich der beiden Abbildungen fallen zumindest in der Verteilung keine großen Unterschiede auf. Das verdeutlicht die Qualität der Stichprobe von 10 Prozent aller kleinen und mittleren Unternehmen, da man von einer höheren Repräsentativität ausgehen kann als bei kleineren Stichproben.

Die Auswirkungen des demografischen Wandels auf Sachsen-Anhalts Unternehmen 61

Daher ist es nicht verwunderlich, dass die Altersstrukturverteilung der befragten Unternehmen derer aller SV-Beschäftigen im Bundesland entspricht.

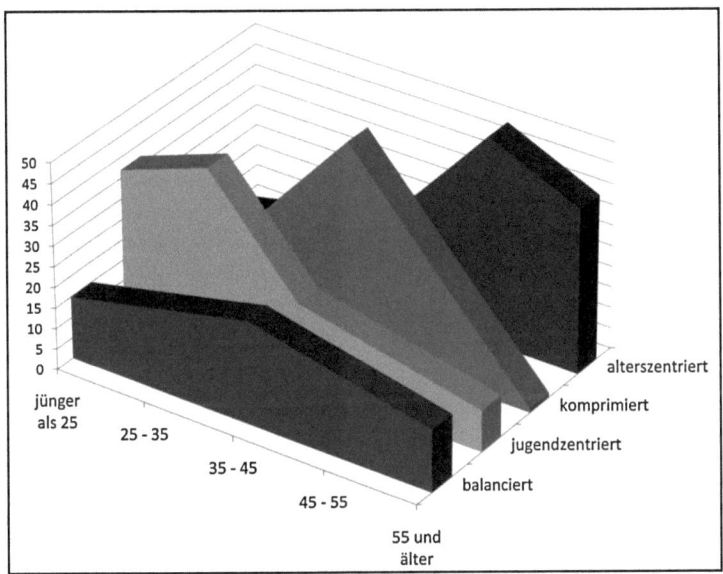

Abb. 4.7: *Altersstrukturen in Unternehmen (verändert nach BUCK 2007: S. 6)*

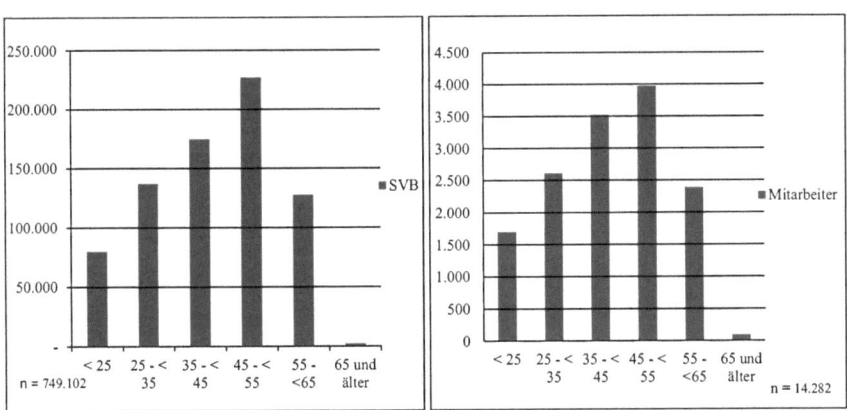

Abb. 4.8: *Altersstruktur aller SVB (BUNDESAGENTUR FÜR ARBEIT 2012: Beschäftigungsstatistik)*

Abb. 4.9: *Altersstruktur befragter Unternehmen (DEMOWAB 2011/2012)*

4.4 Ältere Arbeiternehmer in kleinen und mittleren Unternehmen – Ergebnisse einer Unternehmensbefragung

Die Notwendigkeit der Erhebung von Primärdaten wurde nach der Auswertung dieser und anderer Sekundärstatistiken deutlich. Daher wurden im Rahmen des Forschungsprojekts in einer repräsentativen Umfrage 10 Prozent aller kleinen und mittleren Unternehmen (10 bis 249 Mitarbeiter) Sachsen- Anhalts befragt. Der teilstandardisierte Fragebogen wurde mittels CATI-Methode[3] mit Geschäftsführern oder Mitarbeitern mit Personalverantwortlichkeit bearbeitet, um möglichst genaue Einblicke in die Personalstrukturen der Unternehmen zu bekommen. Für die Befragung wurden dem Projekt seitens der beiden Industrie- und Handelskammern sowie der beiden Handwerkskammern des Bundeslandes Unternehmensdatenbanken zur Verfügung gestellt, so dass die Stichprobe nach Unternehmensgröße sowie Anteil des Wirtschaftssektors an der SV-Beschäftigung geschichtet, zufällig gezogen werden konnte. Insgesamt standen nach Durchführung der empirischen Untersuchung somit 1081 auswertbare Fragebogen zur Verfügung, was einem Anteil von 10 Prozent der Unternehmen, welche 10 bis 249 Mitarbeiter haben, entspricht. Im Folgenden werden Ergebnisse aus dieser Befragung mit direktem Bezug zu älteren Mitarbeitern dargestellt und erläutert. Dabei handelt es sich um den Teilbereich der Befragung, der die Beschäftigung von älteren Mitarbeitern als Maßnahme gegen den drohenden Fachkräftemangel untersucht. Ergänzt und untermauert werden die quantitativen Daten mit qualitativen Daten aus zusätzlichen face-to-face-Interviews, welche mit ausgewählten Unternehmen, Kammern und Verbänden durchgeführt wurden.

4.4.1 Fachkräftemangel als Problem in KMU

Zunächst stellt sich die Frage, ob kleine und mittlere Unternehmen in Sachsen-Anhalt den aus den Sekundärdaten bereits ablesbaren und in Medien teils stark fokussierten Fachkräftemangel für ihr Unternehmen tatsächlich verspüren. Auf diese Frage gaben 54,8 Prozent der befragten Unternehmen an, dass sie bereits heute einen Mangel an Fachkräften für ihr Unternehmen verspüren. Demnach findet über die Hälfte der Unternehmen nicht ausreichend Personal, um voll ihre vakanten Stellen adäquat zu besetzen. 43,5 Prozent der Unternehmen, die bereits heute einen Fachkräftemangel verspüren sahen die Ursache dafür in einer unzureichenden Zahl an Bewerbern während 56,5 Prozent eine mangelnde Qualifikation der Bewerber als Hauptursache für den derzeitigen Fachkräftemangel identifizierten (DEMOWAB 2011/2012). Weiterhin wurden u.a. mangelnde räumliche Attraktivität, Abwerbungen aus den alten Bundesländern und branchenbedingte

---

3 CATI = computerunterstützte Telefonbefragung

Besonderheiten als Gründe genannt, warum ausreichend gut qualifiziertes Personal nicht gefunden werden kann.

Die anderen knapp 45 Prozent der Unternehmen, die momentan eigener Meinung nach nicht vom Fachkräftemangel betroffen sind, wurden gebeten, einen Blick in die Zukunft zu wagen. Demnach glauben 43,3 Prozent der derzeit noch nicht betroffenen Unternehmen, dass sie innerhalb der nächsten fünf Jahre durchaus ebenfalls mit einem Fachkräftemangel für ihr Unternehmen rechnen müssen. Als Maßnahme um dem entgegenzuwirken wollen fast 30 Prozent aller Unternehmen, unabhängig davon ob sie bereits heute oder erst in Zukunft mit einem Fachkräftemangel rechnen, ihre Bemühungen bei der Personalsuche intensivieren und noch aktiver als bisher Bewerbungen einfordern. Dazu zählen neben der Zusammenarbeit mit der Bundesagentur für Arbeit auch die intensivere Nutzung von Internetportalen, Universitäts- und Berufsschulverteilern und Kontaktmessen. Knapp 19,7 Prozent sehen in der Imageförderung eine Möglichkeit, Fachkräfte für sich zu gewinnen. Dabei sprachen die Unternehmen sowohl auf das eigene als auch auf das Image der Region an. Damit sprachen die Unternehmen einen Punkt an, bei dem aus der Sicht der Unternehmer regionale Wirtschaftsförderungen einen Beitrag zum Umgang mit dem Fachkräftemangel leisten können. Weiterhin wollen 15 Prozent der Befragten durch eine höhere Vergütung und 10 Prozent durch Teilzeitangebote für Fachkräfte attraktiver werden. Als bestes Mittel um vor allem gut qualifiziertes Personal zu gewinnen, sehen viele Unternehmen nach wie vor die eigene Ausbildung an. Es traten aber auch immer wieder Probleme in Zusammenarbeit mit Berufsschulen auf und das heterogene Bild auf dem Ausbildungsmarkt sorgt für Verwirrungen. Hier müsste wieder mehr Klarheit geschaffen werden (Interviewpartner: Unternehmer aus Osterburg, Altmark). Aber die rückläufige Zahl an jungen Menschen im Ausbildungsalter im Bundesland zeigt auf, dass Ausbildung nicht das alleinige Heilmittel in der Fachkräftediskussion sein kann.

Setzt sich dieser Trend so fort und bewahrheiten sich die von Unternehmern gemachten Annahmen, dann sind in fünf Jahren drei Viertel der Unternehmen Sachsen-Anhalts vom Fachkräftemangel direkt betroffen. Daher müssen dringend Handlungsoptionen für Politik und Gesellschaft dargestellt und umgesetzt werden. Vor allem kleine und mittlere Unternehmen können sich im „War for Talents" (COMMERZBANK 2009: S.12) nur selten gegen große Unternehmen durchsetzen, da diese als die attraktiveren Arbeitgeber mit höheren Vergütungen und besseren Aufstiegsmöglichkeiten wahrgenommen werden. Dem kleineren Mittelstand bleibt daher oft die Aufgabe der Integration Älterer überlassen (ebenda: S.12).

4.4.2 Wahrnehmung von älteren Arbeiternehmern

Obwohl größere Unternehmen beim Wettbewerb um junge Talente bessere Chancen haben, strebt auch der Mittelstand eine Verjüngung an (ebenda: S.11). Allerdings widerspricht dieser Trend der demografischen Entwicklung, weshalb der vormals so beliebte Jugendwahn immer weiter an Bedeutung verlieren wird. Das bedeutet nicht, dass Unternehmen ihre Belegschaften nicht mehr verjüngen wollen, aber einer ausgeglichenen Altersstruktur und den Potenzialen älterer Arbeitnehmer werden zunehmend mehr Aufmerksamkeit gewidmet. Den Irrglauben, dass ältere Arbeitnehmer weniger produktiv seien, haben zahlreiche Studien inzwischen widerlegt (z.B. BÖRSCH-SUPAN/WEISS 2011). Nichts desto trotz wurde aufgrund dieser Weniger-Produktiv-Annahme jahrelang Personalpolitik betrieben, die von Jugendwahn geprägt war. So wurde beispielsweise Frühverrentung und Altersteilzeit oft mit einer angeblich weniger produktiven Arbeitsweise gerechtfertigt, befürwortet und politisch unterstützt (ebenda: S.3). Allerdings kann tatsächlich belegt werden, dass aufgrund von Analysen ein Zusammenhang zwischen Alter und somit Beschäftigungsdauer und Produktivität besteht. Nach BÖRSCH-SUPAN/WEISS ist es die Erfahrung der älteren Arbeiternehmer, die die Produktivität nicht sinken ließe. So besäßen ältere Arbeiternehmer besondere Kompetenzen, die es Ihnen ermöglicht, schwere Fehler zu vermeiden. Somit machen ältere Arbeitnehmer zwar etwas häufiger Fehler, jedoch unterliefe Ihnen kaum ein schwerer Fehler, da sie besondere Fähigkeiten besäßen, schwierige Situationen zu erfassen, um sich auf die wichtigsten nächsten Schritte zu konzentrieren (ebenda: S.21).

In der gängigen Literatur wird gerade den kleinen und mittleren Unternehmen eine besondere Rolle bei der Beschäftigung älterer Mitarbeiter zugeschrieben, da sie im Vergleich zu großen Unternehmen eine andere Position auf dem Arbeitsmarkt inne haben.

Daher wurde innerhalb der Befragung des Forschungsprojektes auch auf die Wahrnehmung der älteren Mitarbeiter eingegangen. Es wurde explizit nach Stärken und Schwächen der älteren Teile[4] der Belegschaft gefragt, um deren Produktivität im Vergleich zu den jüngeren Kollegen einschätzen zu können.

Ganz Allgemein lässt sich sagen, dass stereotypische Vorurteile, wie sie älteren Arbeiternehmer mitunter entgegengebracht werden, durch die Befragung nicht bestätigt werden können. Generell werden ältere Arbeitnehmer aufgrund Ihrer Qualitäten sehr geschätzt, weiterbeschäftigt und auch neu eingestellt.

Die in Abb. 4.10 darstellten Einschätzungen zu potentiellen Stärken der älteren Mitarbeiter im Vergleich zu jüngeren Kollegen verdeutlichen, dass die in der

---

4 Unter ältere Belegschaft wurden hierbei Mitarbeiter, die mindestens 50 Jahre alt sind, verstanden.

Die Auswirkungen des demografischen Wandels auf Sachsen-Anhalts Unternehmen 65

Literatur identifizierten Stärken auch von den Unternehmern mehrheitlich wahrgenommen und bestätigt werden.

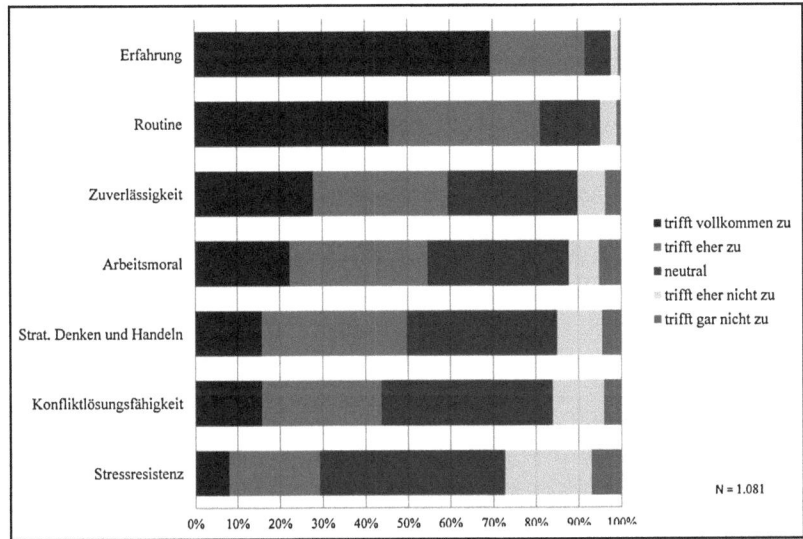

Abb. 4.10: Was sind Ihrer Meinung nach Stärken älterer Mitarbeiter? (DEMOWAB 2011/2012, von der Autorin in abgewandelter Form bereits veröffentlicht bei der FES: WISO Diskurs Demografie und Wachstum in Deutschland)

Als größte Stärke wird insbesondere die Erfahrung älterer Arbeiternehmer identifiziert. Über 90 Prozent der befragten Unternehmen gaben an, dass Erfahrung eine immense Stärke sei, indem sie dieser Aussage mindestens eher wenn nicht sogar vollkommen zustimmten. Demnach wurden in der Untersuchung außerdem Routine (im positiven Sinn), Zuverlässigkeit und Arbeitsmoral als Stärken älterer Arbeiternehmer durch die Unternehmen bereits erkannt. Im Gegensatz dazu werden die Fähigkeit strategisch zu denken und zu handeln, eine höhere Konfliktlösungsfähigkeit sowie eine höhere Stressresistenz den älteren Arbeiternehmer nicht unbedingt als Stärke zugeschrieben. Nur noch knapp 30 Prozent sahen die älteren Mitarbeiter als stressresistenter an. Sie sind allerdings auch nicht anfälliger in Stresssituationen, vielmehr sah die Mehrheit der Unternehmen in diesem Bereich keine altersspezifischen Unterschiede (Abb. 4.10).

Um sich ein vollständiges Bild von der Wahrnehmung der älteren Mitarbeiter in den kleinen und mittleren Unternehmen Sachsen-Anhalts machen zu können, wurde ebenfalls nach potentiellen Schwächen der Arbeiternehmer gefragt.

In der Literatur werden meist höhere Kosten und ein vermehrter Krankenstand als größte Hindernisse bei der Einstellung und Weiterbeschäftigung älterer Arbeiternehmer genannt (COMMERZBANK 2009: S.12). Daher wurde analog zu den Stärken in der Befragung um die Einschätzung (Zustimmung oder Ablehnung) von vorgegebenen potentiellen Schwächen gebeten und in zusätzlichen offenen Fragen Platz für eigene Ergänzungen gelassen.

Ein konträres Bild zu den positiv wahrgenommenen Eigenschaften älterer Arbeiternehmer zeigt sich in den dargestellten Ergebnissen. Während den Stärken in erster Linie zugestimmt wurde, lassen sich die potentiellen Schwächen aus der Umfrage heraus nicht bestätigen (Abb. 4.11). Gerade der Vorwurf einer geringeren Motivation wurde von fast 68 Prozent verneint. Auch in der Kooperationsfähigkeit sieht die Mehrheit der Unternehmen keine Nachteile gegenüber den jüngeren Kollegen. Den Punkten geringere Flexibilität, geringere Lernbereitschaft und die Zunahme krankheitsbedingter Ausfälle stimmten jeweils knapp über 30 Prozent zu. Einzig Schwierigkeiten beim Umgang mit neuen Technologien und eine verminderte körperliche Belastbarkeit erreichen Zustimmungswerte von 39 bzw. 48 Prozent und können somit als tatsächlich wahrgenommene Schwächen der älteren Arbeiternehmer identifiziert werden (Abb. 4.11).

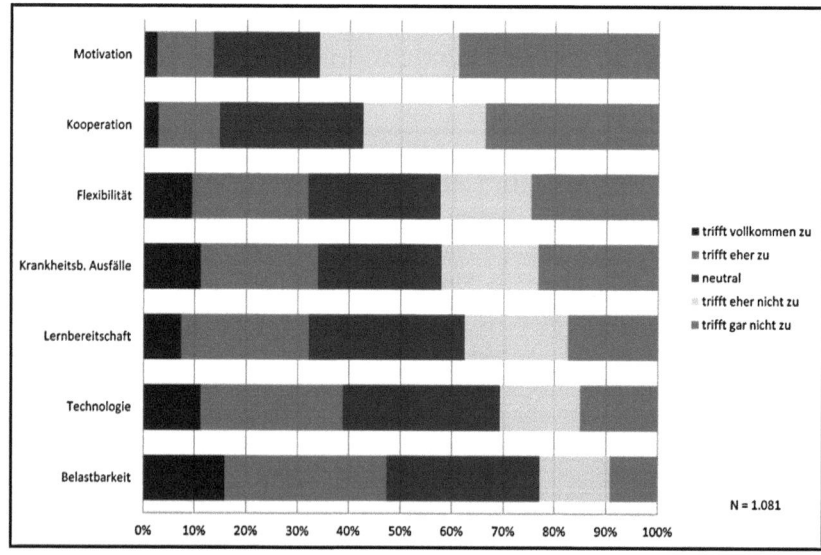

Abb. 4.11: Was sind Ihrer Meinung nach Schwächen älterer Mitarbeiter? (DEMOWAB 2011/2012, von der Autorin in abgewandelter Form bereits veröffentlicht bei der FES: WISO Diskurs Demografie und Wachstum in Deutschland)

Vergleicht man jedoch die Zustimmung zu den Stärken mit den Schwächen der älteren Teile der Belegschaften fällt auf, dass in der Mehrzahl die Stärken bestätigt und die Schwächen abgelehnt oder zumindest abgeschwächt werden. Ein Weiterführen von jugendkonzentrierter Personalpolitik lässt sich demnach mit den Nachteilen, die ältere Arbeiternehmer mit sich brächten, nicht rechtfertigen, da ihre Stärken diese Schwächen mindestens wieder aufheben. In Branchen mit hohem Innovationsbedarf lässt sich allerdings der Bedarf an neuen Ideen nicht durch langjährige Erfahrung wettmachen. Eine branchenspezifische Auswertung der Stärken/Schwächen-Frage zeigt deutliche Unterschiede auf, auf welche an dieser Stelle jedoch nicht näher eingegangen werden soll, da eine derartige an dieser Stelle nicht zweckdienlich ist.

3.4.3 Die Problematik des Wissenstransfers innerhalb der Unternehmen

Mit dem Ausscheiden von Mitarbeitern geht oft auch deren *Know-how* in Rente. Daher sind ein gutes Weiterbildungskonzept und ein funktionierendes Wissensmanagement innerhalb des Unternehmens unabdingbar, um den unwiederbringlichen Verlust von Wissen zu verhindern oder zu kompensieren. In der Befragung wurde aus diesem Grund auch auf Möglichkeiten der Sicherung des betriebsinternen Wissens eingegangen (Abb. 4.12).

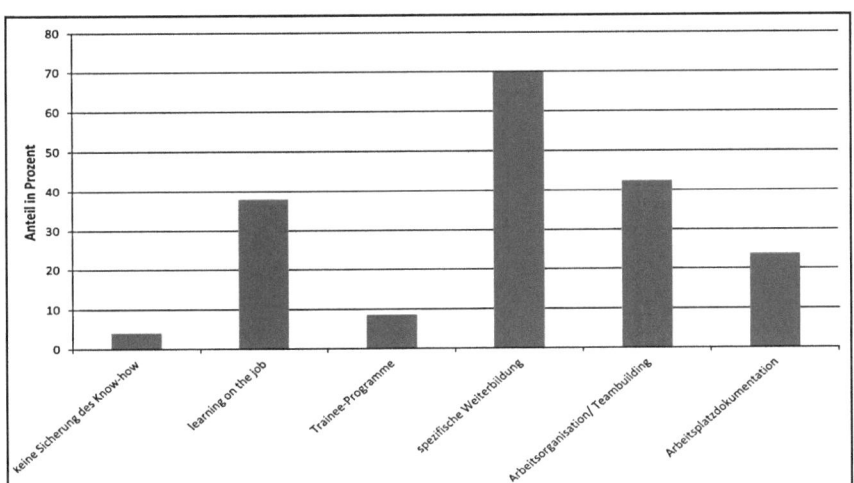

Abb. 4.12: Maßnahmen zur Sicherung des betriebsinternen Wissens
(DEMOWAB 2011/2012, von der Autorin in abgewandelter Form bereits veröffentlicht bei der FES: WISO Diskurs Demografie und Wachstum in Deutschland)

Dabei werden spezifische Weiterbildungsmaßnahmen als beste Möglichkeit angesehen, um das Wissen im Unternehmen zu halten. Fast 70 Prozent aller befragten Unternehmen gaben an, spezifische Weiterbildungsmaßnahmen durchzuführen. Mit jeweils etwas mehr bzw. etwas weniger als 40 Prozent aller Befragten werden *teambuilding* und das *learning on the job* als ebenfalls häufig genutzte Möglichkeiten zum Erhalt des Wissens genannt. Arbeitsplatzdokumentationen dagegen werden nur selten durchgeführt sowie Traineeprogramme von kleinen und mittleren Unternehmen nur in Ausnahmefällen angeboten, um sie als Brücke zum Wissenstransfer zu nutzen (Abb. 4.12). Programme dieser Art scheinen eher großen Unternehmen vorbehalten zu sein.

Auf den Aspekt des lebenslangen Lernens wurde aufgrund der aus Sicht der Unternehmen großen Bedeutung von Weiterbildung für den Wissenstransfer eingegangen, indem die Teilnahme an Weiterbildungsmaßnahmen nach verschiedenen Altersgruppen untersucht worden ist (Abb. 4.13).

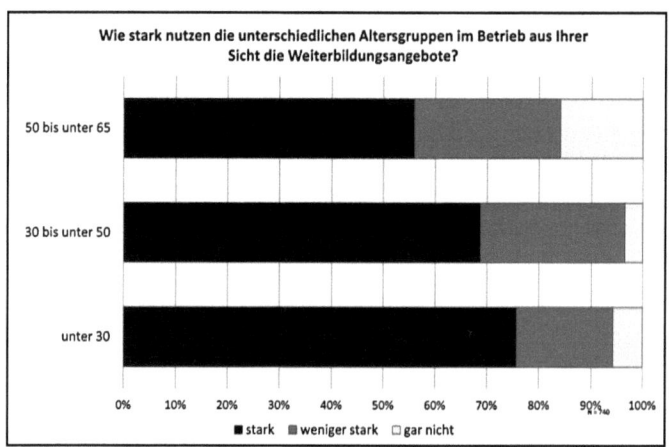

Abb. 4.13: Nutzung von Weiterbildungsangeboten nach Alter
(DEMOWAB 2011/2012, von der Autorin in abgewandelter Form bereits veröffentlicht bei der FES: WISO Diskurs Demografie und Wachstum in Deutschland)

Es wird deutlich, dass es nur leichte Unterschiede in der Wahrnehmung von Weiterbildungsangeboten gibt. Das Vorurteil, dass ältere Arbeiternehmer aus diversen Gründen an Weiterbildungsmaßnahmen nicht mehr teilnehmen, kann durch die Befragung nicht bestätigt werden. Die Teilnahme an derartigen Angeboten wird in der Altersgruppe ab 50 nach wie vor nur von 17 Prozent gar nicht angenommen. Fast 58 Prozent nutzen sie noch stark. Demnach lässt die Teilnahme an Weiterbildung mit dem Alter zwar nach, aber lange nicht in dem Ausmaß wie oftmals angenommen (Abb. 4.13).

Neben der Qualifizierung des Einzelnen durch Weiterbildung, spielt die Weitergabe des sogenannten stillen Wissens von jedem Einzelnen an die anderen Kollegen eine wichtige Rolle beim Wissenstransfer. Daher wurden die Unternehmen auch gefragt, welche Altersgruppe dabei vornehmlich von welcher profitiert. Dabei stellte sich heraus, dass es durchaus die älteren Mitarbeiter mit viel Erfahrung sind, die den jungen Kollegen mit Ihrem Wissen weiterhelfen. Somit wird deutlich wie wichtig die Weitergabe des personengebundenen Wissens innerhalb der Unternehmen ist, um das Anfang des Kapitels gezeichnete Szenario mit dem in Rente gehenden Wissens des Unternehmens zu verhindern.

4.4.4 Maßnahmen zur Förderung älterer Arbeitnehmer

Es wurde bereits mehrfach deutlich, dass um einem aktuellen oder zukünftigen Fachkräftemangel entgegenzuwirken, in Zeiten des voranschreitenden demografischen Wandels eine gezielte (Weiter-)Beschäftigung älterer Menschen unabdingbar ist. Die Alterskohorte der ab 50-jährigen wird zukünftig eine bedeutendere Rolle in den Belegschaften spielen, so dass der jahrelang praktizierte „Jugendwahn" in deutschen Unternehmen in einem Bundesland wie Sachsen-Anhalt, welches von den Auswirkungen des demografischen Wandels vergleichsweise stark betroffen ist, nicht weitergeführt werden kann. Um die älteren Mitarbeiter möglichst lange im Unternehmen halten zu können, müssen aber auch die richtigen Rahmenbedingungen geschaffen werden.

Maßnahmen, die eine möglichst lange Beschäftigung ermöglichen, wurden innerhalb der Befragung in die Bereiche betriebliches Gesundheitsmanagement, Arbeitsplatzgestaltung und zeitliche Flexibilisierung eingeteilt (Abb. 4.14).

Aus der Befragung geht hervor, dass die Hälfte aller befragten Unternehmen bisher keinerlei Maßnahmen durchführt, um gezielt die Weiterbeschäftigung der älteren Mitarbeiter zu ermöglichen und zu fördern. Maßnahmen, welche sich bei der anderen Hälfte der Unternehmen langsam durchsetzen und sich teilweise bereits sogar etabliert haben, betreffen die zeitliche Flexibilisierung der Arbeitszeiten. Im Wesentlichen handelt es sich dabei um verschiedene Gleitzeitmodelle, um beispielsweise Beruf und Familie besser zu vereinbaren, aber auch um den Bedürfnissen pflegebedürftiger Angehöriger besser gerecht werden zu können. Dabei ist aber auch zu beachten, dass Motive für die zeitliche Flexibilisierung in der Möglichkeit der Anpassung des Arbeitsangebots an die aktuelle Auftragslage zu finden sind (Interviewpartner: wissenschaftliche Mitarbeiterin Wirtschaftsforschungsinstitut). Somit kann unter Umständen besser auf schwankende Nachfrage reagiert werden.

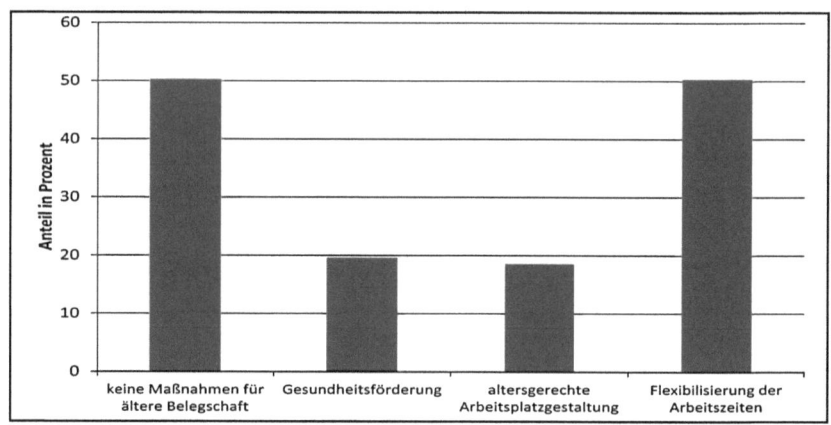

*Abb. 4.14: Maßnahmen für ältere Mitarbeiter
(DEMOWAB 2011/2012, von der Autorin in abgewandelter Form bereits veröffentlicht bei der FES: WISO Diskurs Demografie und Wachstum in Deutschland)*

Sowohl Frühverrentung als auch die Weiterbeschäftigung über das Renteneintrittsalter hinaus sind gängige Maßnahmen innerhalb der Arbeitszeitflexibilisierung. Über die Heraufsetzung des Renteneintrittsalters scheiden sich auch bei der Befragung die Geister. Während die Einen in ihrer Branche die Machbarkeit einer derartigen Praxis vollkommen ausschließen, sehen die Anderen durch Umstrukturierung und Umverteilung von Aufgaben gute Möglichkeiten allen Mitarbeiter eine längere Lebensarbeitszeit zu ermöglichen und andere sehen bei sich in diesem Bereich überhaupt keine Probleme.

Der Hauptpunkt, den Unternehmen oftmals anbringen, der eine längere Weiterbeschäftigung verhindert, sind gesundheitliche Aspekte. Daher ist es bezeichnend, dass bisher nur 19,7 Prozent der Unternehmen ein eigenes betriebliches Gesundheitsmanagement durchführen. Neben zusätzlichen Pausen, handelt es sich hierbei häufig um in Zusammenarbeit mit Krankenkassen durchgeführte Angebote wie Kieser-Training oder physiotherapeutische Maßnahmen. Auch Stressbewältigung und Ernährungsberatung sind als Teilbereiche von betrieblicher Gesundheitsförderung erkannt. Neben einer aktiven Gesunderhaltung spielen auch die Rahmenbedingungen eine wichtige Rolle. Für die meisten Arbeitnehmer handelt es sich dabei in erster Linie um den eigenen Arbeitsplatz, weshalb Maßnahmen zur altersgerechten Arbeitsplatzgestaltung ebenso wichtig für die Erhaltung der Arbeitskraft sind. Vorreiterrollen haben dabei große deutsche Automobilersteller, welche in ihren Produktionshallen auf möglichst ergonomische Arbeitsplätze und verbesserte Beleuchtung achten. Innerhalb der Befragung boten lediglich 18,5 Prozent der Unternehmen altersgerechte Arbeitsplätze an.

Im Wesentlichen handelt es sich bei den Maßnahmen durchführenden Unternehmen von der Tendenz her um größere Unternehmen oder aber in Einzelfällen auch um von der Altersproblematik besonders betroffene Unternehmen. In vertiefenden Gesprächen mit Unternehmensverantwortlichen wurde deutlich, dass es für mittlere und kleine Unternehmen schwieriger ist Maßnahmen für ältere Mitarbeiter durchzuführen. Dabei spielen die Kosten sowie der zeitliche Aufwand der Vorbereitung, Implementierung und Umsetzung derartiger Maßnahmen eine wichtige Rolle.

Betrachtet man aber die aufgezeigte zukünftige demografische Entwicklung und die Situation von kleinen und mittelständischen Unternehmen beim Wettbewerb um gut qualifizierte Fachkräfte im Vergleich zu großen nationalen und internationalen Unternehmen, wird deutlich, dass eine (Weiter)Beschäftigung älterer Mitarbeiter in Zukunft unabdingbar bleiben wird. Aufgrund der großen Erfahrung und den besonderen Kompetenzen älterer Arbeitnehmer entsteht dadurch nicht automatisch ein Wettbewerbsnachteil. Die Produktivität Älterer ist nachweisbar nicht geringer (BÖRSCH-SUPAN/WEISS 2011: S.21) und altersgemischte Teams bringen aufgrund des verbesserten Wissenstransfers Vorteile gegenüber ausschließlich jugendzentrierten Belegschaften, welche aufgrund von jugendwahnorientierte Personalpolitik entstanden sind. Junge Unternehmen mit hohem Innovationsbedarf sind vor allem in der Kommunikations- und Werbebranche auf junges Personal mit hohem Innovationspotential angewiesen. Auf derartige branchenbedingte Besonderheiten kann hier allerdings nicht weiter eingegangen werden. Die Notwendigkeit spezifischer Fördermaßnamen für ältere Arbeiternehmer im Allgemeinen wird aber immer deutlicher. In der Untersuchung wurde aufgezeigt, dass derartige Maßnahmen bisher nur unzureichend implementiert und umgesetzt wurden. Neben finanziellen Mitteln mangelt es auch an ausreichender Information. In diesem Bereich könnten neben Behörden auch Verbände und Kammern der entsprechenden Zuständigkeiten tätig werden.

4.5 Fazit

Sowohl die Analyse der Sekundärdaten der Agentur für Arbeit (vgl. Abb. 4.3) als auch Ergebnisse der Unternehmensbefragung sowie vertiefende Gespräche mit Geschäftsführern und/oder Personalleitern im Rahmen des Forschungsprojekts belegen, dass bereits eine gewisse Sensibilisierung in Hinblick auf eine weitere Beschäftigung älterer Arbeiternehmer bzw. auch auf den Erhalt ihrer Arbeitskraft vorliegt (MEYER/THOMI 2012: S.189).

Diese unabhängig von der Betriebsgröße getroffene Einschätzung legt nah, dass in der Konsequenz dem Erhalt des aktuellen Facharbeiterbestandes durch Fördermaßnahmen insbesondere der älteren Arbeiternehmer mehr Aufmerksamkeit gewidmet wird, um solchermaßen die Defizite des Arbeitsmarkts (Facharbeitermangel) abzumildern. Die Ergebnisse einer Unternehmensbefragung der DIHK, welche im Herbst 2011 durchgeführt wurde, betätigen diese These. Neben der Aus- und Weiterbildung (letzteres auch insbesondere der älteren Mitarbeiter) sehen ein Viertel der über 20.000 von der DIHK befragten Unternehmen in der (Weiter-)Beschäftigung älterer Mitarbeiter eine große Möglichkeit, um Fachkräfteengpässe zu lindern (vgl. DIHK 2011: S.16f). Ebenfalls widmet die Bundesregierung im Demografiebericht, ein Kapitel der Erhöhung der Erwerbsbeteiligung Älterer und sieht eine Chance, um dem Fachkräftemangel entgegenzuwirken (vgl. BMI 2011: S.112ff).

Die Befragungsergebnisse der eigenen Erhebung hinsichtlich eventueller Reaktionen auf den wahrgenommenen oder nicht wahrgenommenen Mangel, ergaben dass 50,3 Prozent der befragten Unternehmen keine spezifischen Maßnahmen zur Förderung und zum Erhalt älterer Arbeitnehmer durchführten. Selbst von den Unternehmen, die bereits momentan einen Mangel an Fachkräften für ihr Unternehmen verspüren, führen 40 Prozent noch keine derartigen Maßnahmen durch.

Bei Unternehmen, welche ihre Lage und die Sinnhaftigkeit derartiger Maßnahmen zur Erhaltung der Arbeitsfähigkeit älterer, erfahrener Mitarbeiter bereits erkannt haben, handelt es sich zweifelsohne zunächst nur um Pioniere, die im Sinne einer Best-Practice die Grundlagen von zukünftigen Fördermaßnahmen identifizieren, formulieren, operationalisieren und implementieren. Die Erfassung und weitere Bewertung dieser Maßnahmen ist vor diesem Hintergrund besonders wichtig und bildet einen entsprechenden Bestandteil im Rahmen dieses Forschungsprojekts und darüber hinaus.

Auch in anderen Untersuchungen wird davon ausgegangen, dass die Gruppe der über 55-jährigen zukünftig einen bedeutenderen Anteil der Belegschaften bilden wird und sich daraus die Notwendigkeit spezifischer Fördermaßnahmen zum Erhalt der Arbeitskraft in dieser Alterskohorte ableitet (vgl. ROBERT BOSCH STIFTUNG 2009: S.13, BELLMANN/KISTLER/WAHSE 2007). Verstärkt wird die Bedeutung altersspezifischer Förderungsmaßnahmen auch durch jüngere Untersuchungen, die die weitverbreitete Annahme einer mit zunehmendem Alter abnehmenden Produktivität anzweifeln oder sogar widerlegen (GÖBEL/ZWICK 2011: S.19, DDN 2011). Herauszufinden welche Maßnahmen sich in diesem Kontext besonders bewähren und in welchem Maße sie auf andere Unternehmen übertragbar sind, bleibt einer zukünftigen Wirkungsforschung vorbehalten.

Somit wird die Notwendigkeit spezifischer Fördermaßnamen für ältere Arbeiternehmer deutlich. In der Untersuchung wurde aufgezeigt, dass derartige Maßnahmen bisher nur unzureichend implementiert und umgesetzt wurden. Neben finanziellen Mitteln mangelt es auch an ausreichender Information. In diesem Bereich könnten neben politischen Entscheidungsträgern auch Behörden, Verbände und Kammern der entsprechenden Zuständigkeiten tätig werden.

Literatur- und Quellenverzeichnis

Bähr, Jürgen: Bevölkerungsgeografie, Stuttgart, 2004
Bellmann, Lutz; Kistler, Ernst; Wahse, Jürgen: Demographischer Wandel. Betriebe müssen sich auf alternde Belegschaften einstellen. IAB-Kurzbericht Nr. 21/2007, 2007
Birg, Herwig: Die Demographische Zeitenwende. München, 2005
Börsch-Supan, Axel; Weiss, Matthias: Productivity and age: evidence from work teams at the assembly line. Mannheim, 2011
Buck, Hartmut: Alternde Belegschaften - Herausforderung für die Unternehmen. Vortrag Health on Top IV. Gesundheitsmanagement nachhaltig und effektiv gestalten. Skolamed, 29.03.2007, Bonn Petersberg, 2007
Bundesagentur für Arbeit: Beschäftigungsstatistik, Beschäftigung in Sachsen-Anhalt, Stichtag: 31. März 2012, Nürnberg, 2012
Bundesministerium des Innern: Demografiebericht. Bericht der Bundesregierung zur demografischen Lage und künftigen Entwicklung des Landes, 2011
Commerzbank: Abschied vom Jugendwahn? Unternehmerische Strategien für den demografischen Wandel. Frankfurt/Main, 2009
DDN: Neue Studie zeigt: Produktivität steigt mit zunehmendem Alter, URL: http://demographie-netzwerk.de/start/aktuelles/detail/artikel/neue-studie-zeigt-produktivitaet-steigt-mit-zunehmendem-alter.html, 2011, Zugriff am: 21.12.2011.
DEMOWAB (Bedeutung des demografischen Wandels für kleine und mittelständische Unternehmen in Sachsen-Anhalt), Betriebsbefragung, Halle/Saale, 2011/2012
DIHK: Der Arbeitsmarkt im Zeichen der Fachkräftesicherung. DIHK Arbeitsmarktreport 2011
FES: WISO Diskurs Demografie und Wachstum in Deutschland. Perspektiven für wirtschaftlichen und sozialen Fortschritt. Berlin, 2013.
Friedrich, Klaus; Schultz, Andrea: Abwanderungsregion Mitteldeutschland, Demographischer Wandel im Fokus von Migration, Humankapitalverlust und Rückwanderung, In: Geographische Rundschau 59, H. 6, 28-33, 2007
Fucke, Bernd: Sachsen-Anhalts demografische Wandlung. In: Statistisches Monatsheft 01/2011. Statistisches Landesamt Sachsen-Anhalt, 2011
Göbel, Christian; Zwick, Thomas: Age and Productivity – Sector Differences? ZEW Discussion Paper No. 11-058, 2011
Grundig, Beate; Pohl, Carsten: Demographischer Wandel in Ostdeutschland: Fluch oder Segen für den Arbeitsmarkt? in: ifo Dresden berichtet 14(3), 2007, 3-13, 2007
Meyer, Jana; Thomi, Walter: Zur sektoralen Dimension der Altersstruktur der SV-Beschäftigten in Sachsen-Anhalt. In: Friedrich, Klaus; Pasternack, Peer (Hrsg.): Demographischer Wandel als Querschnittsaufgabe, Fallstudien der Expertenplattform „Demographischer Wandel" beim Wissenschaftszentrum Sachsen-Anhalt, Halle/Saale, 2012
Robert Bosch Stiftung: Demographieorientierte Personalpolitik in der öffentlichen Verwaltung, Studie in der Reihe Alter und Demographie, Stuttgart, 2009
Statistisches Bundesamt: 12. koordinierte Bevölkerungsvorausberechnung, URL: http://www.destatis.de/laenderpyramiden/, 2010, Zugriff am 30.08.2010
STALA LSA: Statistisches Monatsheft 08/2009, Halle/Saale, 2009

STALA LSA: 5. Regionalisierte Bevölkerungsvorrausberechnung 2008 bis 2025, URL: http://www.sachsen-anhalt.de/fileadmin/Elementbibliothek/Bibliothek_Politik_und_ Verwaltung/Bibliothek_MBV/PDF/Raumordnung/Bev_Raumbeobachtung/ 5_Regionalisierte_Bev_prognose/Kreise-5erAG_ST.pdf, 2010, Zugriff am: 05.09.2012.
STALA LSA: Statistische Berichte A III/j10, Halle/Saale, 2010a
STALA LSA: Statistisches Monatsheft 01/2011, Halle/Saale, 2011
STALA LSA: Statistische Berichte AI/j11, Halle/Saale, 2011a
STALA LSA: Statistische Berichte A 1/S -/10, Halle/Saale, 2012
Steinmann, Gunter; Tagge, Sven: Determinanten der Bevölkerungsentwicklung in West- und Ostdeutschland, In: Wirtschaft im Wandel, 4/2002, 91-99, 2002

Risiko Unternehmenskontinuität und Unternehmensnachfolge

Achim Schaarschmidt[1]

Abstract

Im Zusammenhang mit der Diskussion um fehlende Fachkräfte wird vielfach in erster Linie auf Fachkräfte als Angestellte fokussiert. Der demografische Wandel betrifft selbstständige Unternehmer jedoch in gleicher Weise. Ein Blick auf Veränderungen im Übergabegeschehen und der Unternehmernachfolge ist daher ebenso wichtig. Der Beitrag beleuchtet Untersuchungen der IHK Halle-Dessau in ihrem Kammerbezirk. Dabei werden neben statistischen Daten zum Nachfolgegeschehen auch Punkte thematisiert, die bei der Übergabe von Unternehmen zu beachten sind.

5.1 Einführung

Im Fünfjahreszeitraum von 2008 bis 2012 wurden im IHK-Bezirk Halle-Dessau 34.967 neue Unternehmen gegründet (IHK 2011: S.4; IHK 2013; eigene Berechnung). Dabei hat die Gründungsdynamik nachgelassen: Wurden 2008 noch 7.601 Neugründungen im IHK-Bezirk gezählt, so waren es 2012 nur noch 5.889 Gründungen (-22,5 Prozent) (vgl. ebenda). Damit ging die Zahl der Gründungen stärker zurück als die Anzahl der Bevölkerung im erwerbsfähigen Alter im gleichen Zeitraum (-5,6 Prozent) (STATISTISCHES LANDESAMT SACHSEN-ANHALT 2010a, 2011 & 2012; eigene Berechnungen). Konjunktur, Arbeitsmarkt und andere Rahmenbedingungen beeinflussten das Gründungsgeschehen stärker als die Demografie.

Neben den Neugründungen beeinflussen noch weitere Faktoren die Entwicklung des Unternehmensbesatzes. Um diese zu untersuchen, wurden im

---

[1] Erklärung: Der Autor ist Mitarbeiter der Industrie- und Handelskammer Halle-Dessau. Der Beitrag fußt auf Veröffentlichungen der IHK Halle-Dessau, insbesondere auf dem IHK-Gründerreport 2011 und dem Nachfolgereport 2013. Dabei wurden Passagen aus beiden Veröffentlichungen wissentlich und bewusst wörtlich übernommen. Jedoch wurden Überschriften verändert und erläuternde Fußnoten in den Text redaktionell eingefügt. In diesem Sinne stellt der Beitrag keine davon losgelöste wissenschaftliche Untersuchung dar und ist urheberrechtlich Eigentum der Industrie- und Handelskammer Halle-Dessau.

IHK Gründerreport 2011 die „Überlebenschancen" sowie die Entwicklung der Altersstruktur von Unternehmern im IHK-Bezirk Halle-Dessau untersucht.
Die Frage nach der realen Anzahl der anstehenden Unternehmensnachfolgen konnte damit jedoch nicht erschöpfend beantwortet werden. Daher wurden im IHK-Nachfolgereport 2013 die statistischen Möglichkeiten zur Erfassung analysiert und mit Hilfe vorhandener Schätzungen des Instituts für Mittelstandsforschung Bonn (IfM) mit eigener Methodik die regionale Entwicklung des Übergabegeschehens im IHK-Bezirk Halle-Dessau berechnet.
Um Impulse zur zielgerichteten Unterstützung von Unternehmen im Nachfolgeprozess aufzuzeigen, wurde im IHK-Nachfolgereport eine repräsentative Unternehmensumfrage ausgewertet. Die Herangehensweise und Ergebnisse sowie daraus resultierende Schlussfolgerungen und Forderungen der Industrie- und Handelskammer Halle-Dessau werden im Beitrag dargestellt.

5.2 Methodik

Grundlage der Untersuchung waren neben der amtlichen Statistik des Statistischen Landesamtes Erhebungen und Auswertungen der IHK Halle-Dessau aus dem eigenen Datenbestand bzw. aus eigenen Umfragen.
Da aufgrund der Kreisgebietsreform 2007 und der Gemeindegebietsreform 2011 verschiedene Quellen von räumlich unterschiedlich abgegrenzten Institutionen verwendet werden müssen, sind zur Gewährleistung der Vergleichbarkeit verschiedene Methodiken erforderlich.
So stimmen die Grenzen des IHK-Bezirkes nicht mit den neu gezogenen Kreisgrenzen überein. Insbesondere betrifft dies den Salzlandkreis, in dem die ehemaligen Landkreise Aschersleben, Bernburg und Staßfurt zusammengefasst wurden – hier gehört nur das Gebiet des ehemaligen Landkreises Bernburg zum Gebiet der IHK Halle-Dessau Insofern Statistiken ausschließlich auf Landkreisbasis vorliegen, wurden die Daten entsprechend hochgerechnet oder bei vergleichenden Auswertungen nicht berücksichtigt.
Da Existenzgründungen in der amtlichen Statistik nicht erfasst werden, wurde das Gründungsgeschehen anhand der Gewerbean- und abmeldungen bzw. Neuerrichtungen und vollständigen Aufgaben analysiert. Jedoch ist nicht jede Gewerbeanzeige mit einer Existenzgründung verbunden. Sie kann auch aus Gründen eines Rechtsformwechsels, der Neuerrichtung eines Betriebes oder durch die Übernahme eines bestehenden Unternehmens erfolgen. Die eigentlichen Existenzgründungen bilden daher nur eine (wenn auch der Größe nach wesentliche) Teilmenge der Gewerbeanzeigen.
Bei der demografischen Unternehmensprognose wurden ausschließlich Einzelunternehmen berücksichtigt, da bei eingetragenen Firmen keine

eindeutige Zuordnung zu Personendaten möglich ist (Firmen haben mehrere Gesellschafter oder Gesellschafter haben mehrere Firmen).
Zur Vereinfachung wurde die Unternehmenszählung in Fünf-Jahres-Kohorte zusammengefasst. Die IHK-Zählung bezieht dabei die Gewerbe im Nebenerwerb mit ein und differenziert in keiner Weise nach Umsatzgrößen oder Gewerbeerträgen. Die Ergebnisse der Zählung wurden mit der damals aktuellen Bevölkerungsprognose des Statistischen Landesamtes mit dem Basisjahr 2008 zusammengeführt. Dabei wurde ein durchschnittlicher Gründungsindex (G'ges) je 1.000 der erwerbsfähigen Bevölkerung der letzten fünf Jahre errechnet und auf der Grundlage der Bevölkerungsprognose die Unternehmensentwicklung vorausgerechnet. Bei dieser Prognoserechnung wurde unterstellt, dass die Indizes auch in den nächsten fünf bis zehn Jahren gleich bleiben. (G'ges=2,89 ‰). Die jährlichen Stilllegungen wurden mit 9,319 Prozent des jeweiligen Unternehmensbestandes (Einzelunternehmen) berücksichtigt. Dies entspricht dem Durchschnitt der Jahre 2006 bis 2010.

Bei der Prognoseberechnung wurde eine gleichartige Verteilung innerhalb der Kohorte unterstellt. Dabei wechseln jeweils ein Fünftel der jeweiligen Altersgruppe in die nächst höhere – davon abweichend die Altersgruppen 15 bis unter 20 und über 65 Jahre. In der Gruppe der 15 bis 20-jährigen sind nur die Jahrgänge 18 und 19 besetzt. Bei der Altersgruppe über 65 Jahre wird unterstellt, dass der Anteil der über 65-jährigen Unternehmer über den Prognosezeitraum konstant bei 0,618 Prozent der über 65-jährigen Personen (Anteil von 2010) bleibt. Die restlichen Unternehmer scheiden im Modell mit 65 Jahren aus.

5.3 Unternehmensdemografie

Die Zahl der Gründungen blieb bis 2010 relativ stabil, jedoch müsste mit der derzeitigen demografischen Entwicklung die Gründungsdynamik naturgemäß nachlassen. Um diesen Prozess zu analysieren, wurden in der Unternehmensdatenbank der IHK Halle-Dessau Gründungen von Einzelunternehmen im Zusammenhang mit den erfassten Geburtsdaten der Unternehmer gezählt.

Nach der jüngsten Bevölkerungsvorausberechnung des Statistischen Landesamtes (STATISTISCHES LANDESAMT SACHSEN-ANHALT 2010b) wird voraussichtlich die Bevölkerung im erwerbsfähigen Alter (zwischen 18 und 65 Jahren) im IHK-Bezirk Halle-Dessau von 2011 bis 2020 um 18,4 Prozent sinken. Dabei wird der Anteil der unter 55-jährigen um 27,1 Prozent sinken, während der Anteil der über 55-jährigen um 8,8 Prozent steigen wird (ebenda; eigene Berechnung).

Im Ergebnis wird der Unternehmensbestand erwartungsgemäß geringer. So werden voraussichtlich 2015 neun Prozent weniger Unternehmen gegründet als 2010. Im Jahr 2020 werden es knapp 15 Prozent weniger sein als heute. Vor allem bei den 20 bis unter 25-jährigen Gründern wird ein starker Rückgang zu verzeichnen sein: Hier wird sich die Anzahl der Gründungen bis 2015 mehr als halbieren und dann jedoch wieder zunehmen. Naturgemäß wird sich dann bis 2020 auch die Anzahl der Gründungswilligen im Alter zwischen 26 und 30 Jahren gegenüber 2010 halbieren. Eine gleich bleibende Gründungsrate unterstellt, wird aber die Anzahl der Gründungen der Altersgruppe über 50 Jahren im Gegenzug ansteigen.

Neben dem zu erwartenden Rückgang der Gründungen werden mehr Unternehmer das Rentenalter erreichen als Neugründer „nachwachsen". So werden voraussichtlich 2015 acht Prozent weniger Unternehmen gegründet als 2010. Im Jahr 2020 werden es zwanzig Prozent weniger sein.

Bei Annahme, dass der Anteil der jährlichen Stilllegungen am jeweiligen Unternehmensbestand sowie der Anteil der über 65-jährigen Unternehmer über den Prognosezeitraum konstant bleibt, wird der Unternehmensbestand bis 2015 um acht und bis 2020 um achtzehn Prozent sinken.

Dies ist deckungsgleich mit dem Rückgang der Bevölkerung auf gleicher Berechnungsbasis im gleichen Zeitraum.

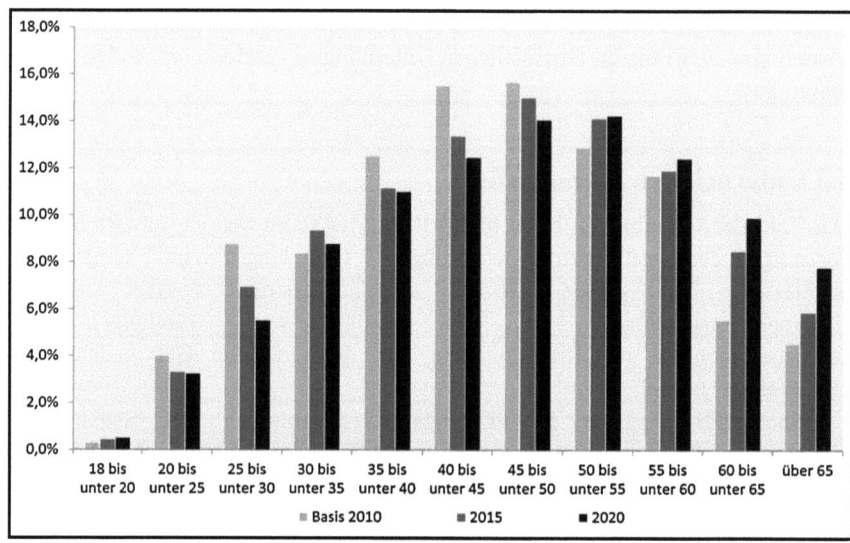

Abb. 5.1: Entwicklung der Altersstruktur der Unternehmer im IHK-Bezirk Halle-Dessau

Um diesen Trend aufzuhalten, sind zunehmend Unternehmensübernahmen und Neugründungen erforderlich: Waren es 2011 noch 441 Unternehmer, die das 65. Lebensjahr überschreiten, werden es 2020 bereits 672 sein (nur Einzelunternehmen – siehe Abschnitt Methodik). Berücksichtigt man hierzu noch prozentual die Anzahl der im Handelsregister eingetragenen Unternehmen, werden 2020 knapp 900 Unternehmer und Gesellschafter das Rentenalter erreichen. Diese Abgänge sind zusätzlich zu den prognostizierten Gründungen zu kompensieren.

5.4 Problematik der Statistischen Erfassung des Übergabegeschehens

Die Anzahl von Unternehmensübernahmen wird statistisch nicht eindeutig identifizierbar erfasst. Zwar werden bei Gewerbeanzeigen- und -abmeldungen die Gründe erfasst, jedoch sind Gesellschafterwechsel, -zu- oder -abgänge, Betriebsaufspaltungen oder Unternehmensverkäufe nicht immer klar zuordenbar. Sie werden beim Statistischen Landesamt Sachsen-Anhalt als Übernahme bzw. Übergabe erfasst (vgl. STATISTISCHES LANDESAMT SACHSEN-ANHALT 2011b: S.3). 2011 wurden demnach in Sachsen-Anhalt 939 Unternehmen übernommen und 732 Unternehmen übergeben (ebenda: S.10ff). Die Differenz entsteht dadurch, dass durch Unternehmensneustrukturierungen (z. B. durch Betriebsaufspaltungen o. a.) per Saldo 35 neue Unternehmen entstanden, es 69 mehr Gesellschafteraustritte (Gründe unbekannt, u.a. aus Altersgründen) und 231 mehr Unternehmenskäufe als Verkäufe (u. a. auch Unternehmensteile bei Fortbestand des veräußernden Unternehmens) erfasst wurden. Des Weiteren werden ausschließlich die Unternehmenskäufe und -verkäufe innerhalb der Landesgrenzen erfasst.

Das zeigt: Obwohl wegen der erläuterten methodischen Unzulänglichkeiten ein direkter Vergleich mit dem errechneten Bedarf der altersbedingten Übergaben nicht möglich ist, wird deutlich, dass nicht alle aus Altersgründen zur Übergabe anstehenden Unternehmen übergeben werden, zumal der Übergabezeitpunkt - auch durch Krankheit oder Tod - auch vor Erreichen des 65. Lebensjahres liegen kann. Dies ist sowohl durch Übergaben nach dem 65. Lebensjahr als auch durch Stilllegungen erklärbar.

Das Institut für Mittelstandsforschung Bonn untersucht seit zwanzig Jahren den Generationenwechsel an der Spitze von Familienunternehmen. Hierunter sind Inhaber geführte Unternehmen zu verstehen, in denen eine Nachfolge innerhalb der Familie theoretisch möglich ist. Dies trifft sowohl auf Einzelunternehmen als auch für geschäftsführende Gesellschafter von eingetragenen Unternehmen zu. Ob dann in der Realität eine familieninterne Übergabe erfolgt, ist daraus nicht abzuleiten.

In der derzeit aktuellen Studie „Unternehmensnachfolgen in Deutschland 2010 bis 2014 - Schätzung mit weiterentwickeltem Verfahren" (HAUSER, H.-E. et al. 2011) wurde eine neue Methodik zur Hochrechnung angewandt. Danach werden nur übergabereife Unternehmen berücksichtigt, die zugleich auch übernahmewürdig sind.

Übergabereife Unternehmen sind alle Unternehmen, „deren Eigentümergeschäftsführer sich innerhalb der nächsten fünf Jahre aus persönlichen Gründen aus der Geschäftsführung zurückziehen werden.... Die Übernahmewürdigkeit knüpft an der ökonomischen Attraktivität eines Unternehmens an..." (HAUSER, H.-E. et al. 2011: S.10) und berücksichtigt zukünftige Erfolgsaussichten und Ertragswert, insbesondere ob „die zu erwartenden Gewinne höher sind als die zu erwartenden Einkünfte eines potenziellen Nachfolgers aus der Gründung eines neuen Unternehmens oder aus einer abhängigen Beschäftigung plus Kapitalerträge." (ebenda; S.12).

Nach der IfM-Methode sind demnach nur Unternehmen „übergabewürdig", die einen Jahresgewinn von mindestens 49.500 Euro erwirtschaften. Herunter gebrochen auf Sachsen-Anhalt bzw. den IHK-Bezirks stehen demnach von 2010 bis 2014 jährlich 440 (Sachsen-Anhalt) (HAUSER, H.-E. et al. 2011: S.24] bzw. 229 (IHK-Bezirk) (ebenda; eigene Berechnung) Unternehmen zur Nachfolge an. Unterteilt man quotal nach Handwerks- und IHK-Unternehmen, so verbleiben hochgerechnet 136 übergabewürdige IHK-Unternehmen jährlich im Süden Sachsen-Anhalts (ohne Unternehmen im Nebenerwerb).

Nach IHK-Berechnungen ist der Bedarf an Unternehmensnachfolgen im IHK-Bezirk Halle-Dessau jedoch bedeutend höher: Dazu wurde auf Basis des Jahres 2010 der prozentualer Anteil der Einzelunternehmen mit Gewerbeertrag über 49.500 Euro (UG) an den Einzelunternehmen im Vollerwerb (UV) berechnet und mit der Anzahl der Einzelunternehmer im Vollerwerb (UVR) die im jeweiligen Jahr das Rentenalter erreichen multipliziert:

$$\frac{UG \times UVR \times 100}{UV}$$

Danach sind im Jahr 2011 allein 180 IHK-zugehörige Einzelunternehmen übergabewürdig gewesen. Bis 2020 wird der Bedarf an Unternehmensnachfolgen aus Altersgründen im IHK-Bezirk auf 264 Unternehmen pro Jahr ansteigen. Bezieht man jene Unternehmen mit ein, die wegen Krankheit, Unfall oder Tod des Inhabers übergeben werden müssen, so steigt diese Zahl noch einmal um 15 bis 20 Unternehmen jährlich.

Risiko Unternehmenskontinuität und Unternehmensnachfolge 83

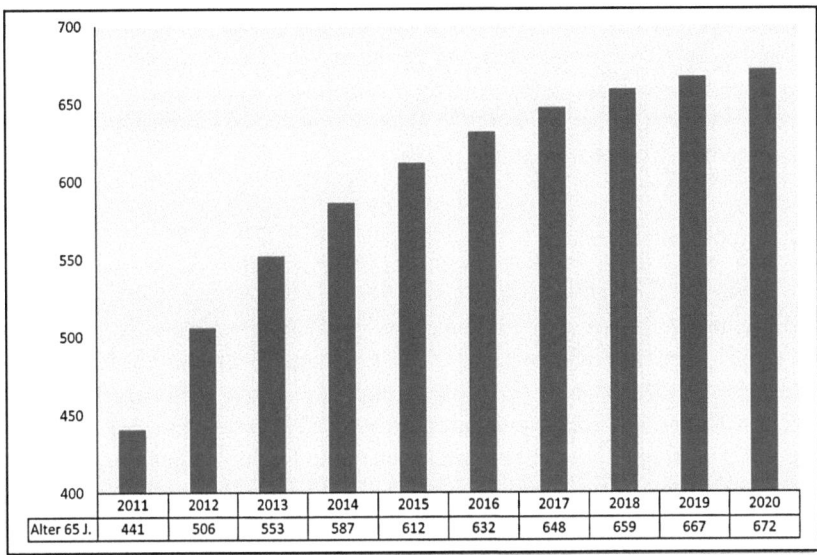

Abb. 5.2: *IHK-Prognose: Anzahl der übergabewürdigen Unternehmen im IHK-Bezirk*

5.5 Umfrage zum IHK-Nachfolgereport 2013

Um das Übergabegeschehen im IHK-Bezirk zu untersuchen, wurden 4.764 Unternehmer im Alter von über 55 Jahren im Sommer 2012 zur Unternehmensnachfolge befragt. Insgesamt konnten 507 Antworten ausgewertet werden. Dabei entspricht die Branchenstruktur der Unternehmen, die sich an der Umfrage beteiligten, in etwa der Branchenstruktur der IHK-Unternehmen. Allerdings brachte eine Auswertung der Umfrage nach Branchen keine signifikant differierende Ergebnisse. Die Art und Weise von anstehenden Unternehmensübergaben und in welcher Tiefe sich Unternehmer auf die Unternehmensnachfolge vorbereiten, hängt augenscheinlich in hohem Maße weniger von der Branche als mehr von der Größe und Ertragskraft des Unternehmens ab. Damit wurde diese These des Instituts für Mittelstandsforschung durch die Ergebnisse der IHK-Umfrage bestätigt. Daher wurde der Auswertungsfokus auf die Unternehmensgröße gerichtet.

Interessant ist dabei, dass sich vor allem kleine und Kleinstunternehmen an der Umfrage beteiligten. Deren Chance auf eine Unternehmensübergabe sinkt, wenn kein Nachfolger in der Familie oder im eigenen Unternehmen in Sicht ist: Sie müssen ihr Unternehmen auf dem Unternehmensmarkt verkaufen und dort einen geeigneten Nachfolger finden. Demgegenüber war die Beteiligung an der

Umfrage für mittlere und größere Unternehmen, trotz des insgesamt guten Rücklaufs von 10,6 Prozent, eher von geringem Interesse. Insgesamt haben 157 Einpersonenunternehmen und 316 Unternehmen mit insgesamt 2.117 Beschäftigten geantwortet (Durchschnitt: 6,7 Beschäftigte). 34 Unternehmen machten keine Angaben zur Beschäftigung.

5.5.1 Unternehmensgröße

a) Einpersonenunternehmen:

An der Umfrage haben sich 153 Einpersonenunternehmen beteiligt. Dies sind 36,3 Prozent der Gesamtantworten. Die Unternehmer kommen vorwiegend aus dem Dienstleistungsgewerbe (42 Prozent) und dem Handel (36 Prozent). Immerhin haben 34 Einpersonenunternehmen (22 Prozent) eine Nachfolgeplanung vor und davon 13 Unternehmen bereits eine Nachfolgeregelung getroffen. Neun Unternehmer mit Nachfolgeregelung haben bereits das Rentenalter erreicht und stehen somit unmittelbar vor der Unternehmensübergabe. Acht Unternehmer sind noch unentschlossen: Falls sich kein Nachfolger findet, ziehen sie eine Stilllegung des Unternehmens in Betracht. Insgesamt planen jedoch 69 Prozent der Einpersonenunternehmen eine Stilllegung des Unternehmens, da zumeist die Alterssicherung die Selbständigkeit als individuelle Existenzgrundlage ablösen kann.

b) Kleinstunternehmen:

Als Kleinstunternehmen wurden in der Auswertung die Unternehmen mit einem bis drei Beschäftigten betrachtet. Hier haben sich 200 Unternehmen an der Umfrage beteiligt. Davon haben 86 Unternehmer (43 Prozent) eine Nachfolgeregelung ins Auge gefasst, 61 werden ihr Unternehmen stilllegen und 53 haben hierzu noch keine Entscheidung getroffen.

Nur 32 Unternehmer (16 Prozent) haben ihre Nachfolge bereits geregelt. Davon sind 18 über 60 Jahre alt und streben in den nächsten ein bis drei Jahren die Übergabe des Unternehmens an. Von den übrigen 80 über-60-jährigen Unternehmern haben nur 31 den Entschluss zur Stilllegung gefasst. Das heißt, 49 Unternehmer (24,5 Prozent) im Alter von über 60 Jahren, die weder eine Nachfolgeregelung getroffen noch das Ziel der Stilllegung des Unternehmens haben, stehen bezüglich einer Unternehmensübergabe noch unvorbereitet vor dem Eintritt in den Ruhestand.

49 Unternehmer streben eine familieninterne Nachfolge an, 19 Unternehmer sehen Übernahmepotenziale im Unternehmen selbst, 22 Unternehmer wollen ihr Unternehmen extern verkaufen. Damit stehen die Übergabechancen für mindestens 68 Unternehmen (34 Prozent) gut.

c) Kleine Unternehmen:

Hier wollen nur noch 19 von 95 Unternehmern mit vier bis zehn Beschäftigten ihr Unternehmen stilllegen. Eigentlich wäre zu erwarten, dass diese Entscheidung erst nach erfolgloser Nachfolgersuche getroffen würde. Dies ist offenbar nicht so: Fast alle Unternehmer, die sich hier für eine Stilllegung entschieden haben, haben das Rentenalter noch vor sich, die Hälfte davon ist sogar noch unter 60 Jahre alt. Es ist zu vermuten, dass es eher wirtschaftliche Gründe sind, die hier zu einer Stilllegungsentscheidung führen.

72 Prozent der kleinen Unternehmen streben eine Nachfolgeregelung an, mehr als ein Drittel davon haben die Nachfolgeregelung bereits geplant. Dabei streben 44 Prozent eine familieninterne, elf Prozent eine unternehmensinterne Übergabe und 15 Prozent einen unternehmensexternen Verkauf an. Bei nur 28 Prozent der Unternehmen ist die Übergabeform noch nicht absehbar, wobei hier mehr als die Hälfte der Unternehmer noch jünger als 60 Jahre ist und noch ausreichend Zeit für eine Entscheidung vorhanden ist.

d) Mittlere Unternehmen:

Als mittlere Unternehmen sind hier Unternehmen mit mehr als zehn Beschäftigten zu verstehen. An der Umfrage haben sich nur 49 Unternehmen mit mehr als zehn Beschäftigten beteiligt. Eine weitere Differenzierung wäre daher seriös statistisch nicht mehr auswertbar.

Stilllegungen sind bei dieser Unternehmensgröße kein Thema mehr. 17 Unternehmer haben bereits Nachfolgeregelungen getroffen. Dies ist in dieser Gruppe aber unabhängig vom Alter des Übergebers, sondern verteilt sich über alle Altersgruppen ab 55 Jahre. Das überrascht nicht, denn die getroffenen Vereinbarungen betreffen in mehr als 80 Prozent der Fälle eine familieninterne Übergabe. Diese wird insgesamt von 45 Prozent der befragten Unternehmen mit mehr als zehn Beschäftigten angestrebt. Sechs Prozent planen eine unternehmensinterne Lösung und 22 Prozent wollen ihr Unternehmen an einen externen Nachfolger veräußern. Für weitere 27 Prozent ist die Übergabeform noch nicht absehbar.

Zusammenfassend ist festzustellen: Je größer das Unternehmen und je mehr Verantwortung für Beschäftigte vorhanden ist, desto größer ist die Notwendigkeit für die Unternehmer, ihre Firma an einen Nachfolger weiter zu geben. Einerseits um den mit der Größe des Unternehmens wachsenden Unternehmenswert und das eingebrachte Eigenkapital zu realisieren, andererseits, und dies nicht zuletzt, um dem vorhandenen Mitarbeiterstamm eine Weiterbeschäftigung zu ermöglichen.

5.5.2 Herausforderungen bei der Nachfolgeplanung

Da die Übergabe bei den meisten Einpersonenunternehmen eher unwahrscheinlich ist, wurden im Folgenden die Bestrebungen ausschließlich von Unternehmen mit Beschäftigten untersucht (Als Antwort waren Mehrfachnennungen möglich):

Mit der Planung der Unternehmensnachfolge stehen die meisten Unternehmer vor einer großen Herausforderung. Dabei haben die Unternehmer viele objektive und subjektive Probleme zu meistern. Das größte Hemmnis im Nachfolgeprozess ist, dass kein passender Nachfolger in Sicht ist. Hier liegen mit 82 Prozent die Angaben der Unternehmer in der IHK-Umfrage doppelt so hoch wie im Bundesdurchschnitt (39 Prozent) (DEUTSCHER INDUSTRIE- UND HANDELSKAMMERTAG 2012: S.4).

Einerseits spiegelt dies die Fachkräftesituation wider: Unternehmensübergaben stehen im Wettbewerb mit anderen attraktiven Stellenangeboten für Fachkräfte, die sich gegenüber der Selbständigkeit risikoärmer darstellen. Andererseits zeugt es von der starken Inhaberorientiertheit der in Ostdeutschland in den letzten zwanzig Jahren entstandenen und aufgebauten Unternehmen.

Viele Unternehmer können auch emotional nicht von „ihrem Lebenswerk" loslassen. Das erschwert die Suche nach dem „richtigen" Nachfolger zusätzlich. Und ist ein geeigneter Interessent in Sicht, ist es oft schwierig, den geforderten bzw. ermittelten Kaufpreis durchzusetzen, zumal seine Realisierung oft erforderlich ist, um die erforderliche Altersvorsorge aufzustocken (40 Prozent).

Bundesweit wird als Hauptthemmnis eingeschätzt, dass knapp die Hälfte der Unternehmer sich zu spät auf die Unternehmensnachfolge vorbereiten. Diese Angabe ist seit mehreren Jahren fast unverändert hoch (48 bis 50 Prozent). In der IHK-Umfrage gaben nur 31 Prozent an, dass nach eigenem Empfinden die Vorbereitung zu spät begann. Filtert man jedoch die familien- und unternehmensinternen Übergaben heraus, so verbleiben 53 Prozent, die sich erst ab dem 60. Lebensjahr mit dem Unternehmensverkauf beschäftigt haben. Dies kann hinsichtlich der Nachfolgersuche, der Sicherung der eigenen Altersvorsorge oder steuerlichen Vorbereitung des Unternehmens für eine erfolgreiche Verkaufspreisverhandlung bereits zu spät sein. Je nach Unternehmensgröße sollte der Inhaber etwa drei bis zehn Jahre vor der geplanten Übergabe beginnen, sein Unternehmen übergabefähig zu machen. Hier stehen die zukunftsfähige Ausrichtung des Angebots und der Produktion im Mittelpunkt (DEUTSCHER INDUSTRIE- UND HANDELSKAMMERTAG 2012: S.5). Ein potenzieller Nachfolger, der das Unternehmen bisher nicht kennt, wird sehr genau hinschauen, wie das Unternehmen im Markt eingebunden ist, ob ein Investitionsstau besteht oder das Unternehmen zu stark auf den Übergeber zugeschnitten ist. Wenn hier große

Defizite erkennbar sind, wird er vom Unternehmenskauf absehen oder den vom Übergeber avisierten Preis nicht zahlen.

Bundesweit ist die Durchsetzung der Kaufpreisvorstellung des Übergebers bei 41 Prozent der Befragten ein wesentliches Hemmnis für eine erfolgreiche Unternehmensnachfolge. Die IHK-Unternehmensumfrage widerspiegelt das – 42 Prozent gaben dieses Hemmnis an. 40 Prozent der Unternehmen wollen den Verkauf sogar weiter verzögern: Sie sind darauf angewiesen, ihre Verkaufspreisvorstellungen durchzusetzen, um ihre Altersvorsorge aufzustocken. Dies zeigt, dass die Seniorunternehmer oft die Marktsituation sowie die Marktfähigkeit ihres Unternehmens nicht realistisch einschätzen, insbesondere dann, wenn das Unternehmen mit seinen Strukturen (zu) stark auf die eigene Unternehmerpersönlichkeit zugeschnitten ist. Unternehmerische Initiative und Selbstaufopferung können sich so in das Gegenteil umkehren: Mit Rückzug der Unternehmerpersönlichkeit besteht die Gefahr für das Unternehmen „das Gesicht zu verlieren". Aus der Sicht eines Kaufinteressenten erscheint daher die Kaufpreisvorstellung des Seniors als überzogen bzw. nicht marktgerecht. Schließlich muss der Nachfolger viel Zeit und Geld investieren, damit das Unternehmen „wieder ein Gesicht bekommt".

Die hohe Emotionalität des Nachfolgeprozesses wird von den Senior-Unternehmern auch eingestanden: 62 Prozent der Unternehmer geben an, dass sie nur schwer „loslassen" können. Auch dieser Wert ist deutlich höher als im Bundesdurchschnitt angegeben – ein Zeichen für das immense persönliche und finanzielle Engagement der Unternehmerschaft beim Aufbau ihrer Unternehmen nach der Wende im IHK-Bezirk.

5.5.3 Familieninterne Übergabe

Nach wie vor steht für viele Senior-Unternehmer die familieninterne Übergabe im Vordergrund. Im Vergleich zu einer früheren (nicht veröffentlichten) IHK-Umfrage zur Unternehmensnachfolge aus dem Jahr 2004 gibt es hier kaum Veränderungen: Nach wie vor wollen 40 bis 45 Prozent der Unternehmer ihr Lebenswerk in den Händen ihrer Familie belassen.

Die zunehmende Brisanz der Nachfolgeproblematik wird jedoch an dieser Stelle umso deutlicher: Während 2004 für nur acht Prozent der an der Umfrage beteiligten Unternehmen nicht absehbar war, welche Übergabeform für ihre Unternehmensnachfolge in Frage kommt, sind es bereits 29 Prozent im Jahr 2012.

Bemerkenswert ist dabei, dass diese Unsicherheit offenbar ihre Basis bei der problematischen externen Nachfolgersuche hat: 2004 hatten noch knapp 40 Prozent der Unternehmen Hoffnung auf eine externe Unternehmensübergabe,

2012 waren es nur noch 18 Prozent. Demgegenüber gab es faktisch keine Änderungen zu Planung im Familien- bzw. unternehmensinternen Bereich: 42 Prozent der Unternehmen planen eine Übergabe in der Familie (2004: 43 Prozent), zwölf Prozent haben eine unternehmensinterne Lösung (2004: 10 Prozent) vor. Die Mehrzahl der Unternehmer, die noch keine Lösung für ihre Unternehmensnachfolge gefunden haben, sind noch unter 60 Jahre alt (55 Prozent), so dass jetzt unbedingt wichtige Schritte zur Nachfolgesuche unternommen werden müssen.

Bei den restlichen 45 Prozent, die bereits kurz vor dem Rentenalter stehen, wird dies schwieriger. Sie sind zum großen Teil im Dienstleistungsgewerbe (41 Prozent), Handel (25 Prozent) sowie im Gastgewerbe (12 Prozent) tätig. Von diesen 56 Unternehmen, die über 60 Jahre alt sind, eine unternehmensexterne Nachfolgelösung planen oder noch nicht wissen, wie sie den Unternehmensübergang vollziehen können, haben nur drei bereits eine Nachfolgerlösung gefunden und weitere sechs ein Nachfolgerprofil erstellt. Daraus lässt sich schließen, dass die übrigen Unternehmen die Nachfolgersuche noch nicht ernsthaft begonnen haben. Dabei haben hiervon 68 Prozent vor, den Unternehmensübergang in den nächsten ein bis drei Jahren zu vollziehen, 25 Prozent wollen in den nächsten vier bis sechs Jahren übergeben und nur acht Prozent haben noch mehr als sechs Jahre zur Vorbereitung der Unternehmensübergabe Zeit.

5.5.4 Beratung und Information

52 Prozent der Unternehmen, die in den nächsten fünf Jahren zur Übergabe anstehen und für die keine familien- oder unternehmensinterne Lösung in Frage kommt, fühlen sich nur unzureichend zum Thema informiert und haben aber bisher auch noch keinerlei Informationen zum Thema Unternehmensnachfolge eingeholt. Dabei erfordert die hohe Komplexität eines Unternehmensübergangs an einen Nachfolger oft ein hohes Maß an Beratung.

Die übrigen Unternehmer gehen den bevorstehenden Nachfolgeprozess aktiv an. Die Informationen hierfür beziehen sie vorzugsweise vom Steuerberater (35 Prozent), informieren sich selbst in der Fachliteratur oder nutzen sonstige Quellen (13 Prozent). Elf Prozent informierten sich bei einem Rechtsanwalt. Die IHK wird gemeinsam mit den Banken an vierter Stelle als Informationsquelle benannt (7 Prozent).

Die Notwendigkeit von Beratung wird von den meisten Unternehmen eingesehen. Nur zwölf Prozent aller befragten Unternehmen sehen die Komplexität einer Unternehmensübergabe eher als niedrig an, 32 Prozent sind sich einer hohen oder sehr hohen Komplexität bewusst. Deshalb planen 56 Prozent der Unternehmer, sich bei Ihrer Unternehmensübergabe von einem externen Berater unterstützen lassen: 39 Prozent von einem Steuerberater, 19 Prozent von der IHK, 16 Prozent von einem Rechtsanwalt.

Das Vertrauen zur IHK-Kompetenz und zu deren Beratung wird von den Unternehmen an die zweite Stelle gesetzt. Dies widerspiegelt auch die interne IHK-Geschäftsstatistik: Allein 2011 hat die IHK 72 Unternehmer zur Unternehmensnachfolge beraten, 2010 waren es noch 19.

Der Kostenfaktor für Beratung zur Unternehmensnachfolge ist den Unternehmern bewusst. 26 Prozent der Unternehmer schätzen die Kosten für eine externe Beratung als hoch oder sehr hoch ein, nur acht Prozent gehen von niedrigen Beraterkosten aus.

5.5.5 Nachfolge- und Unternehmensbörsen

Bei der Suche nach einem geeigneten Nachfolger stehen dem Unternehmer nur beschränkte Möglichkeiten zur Verfügung. Die Unternehmensübergabe ist ein sensibler Prozess, weder Kunden noch Lieferanten noch die eigenen Fachkräfte dürfen verunsichert werden, damit der Unternehmenserfolg nicht nachhaltig leidet. Sofern langfristig ein Nachfolger aus der Familie oder aus dem Unternehmen selbst gefunden bzw. aufgebaut wird, ist eine offene Kommunikation sinnvoll und notwendig. Auch hier ist dementsprechend eine langfristige Vorbereitung erforderlich. Schwieriger ist die Kommunikation bei der Nachfolgersuche außerhalb des Unternehmens.

Die IHK kann bei der Nachfolgersuche als Regionalpartner der bundesweiten Nachfolgebörse „nexxt-change" behilflich sein. Die Nachfolgebörse „nexxt-change" ist eine Internetplattform über die Unternehmen zur Übergabe angeboten werden und Nachfolgeinteressenten ihre Unternehmensgesuche inserieren können. Die Angebote und Gesuche werden bundesweit veröffentlicht und unter Berücksichtigung des Datenschutzes durch die Regionalpartner (Kammern, Volks- und Raiffeisenbanken, Sparkassen sowie einige ausgewählte Beratungsunternehmen) vermittelt. Die Nutzung der Börse ist kostenfrei.

Aktuell gibt es in der Nachfolgebörse „nexxt-change" mehr als 7.000 Firmen-Angebote und fast 2.900 Gesuche. 9.000 Unternehmensnachfolgen wurden seit dem Bestehen der Börse erfolgreich vermittelt.

In Sachsen-Anhalt betreuen in der Börse „nexxt-change" derzeit 26 Regionalpartner 169 Verkaufsangebote und 540 Kaufgesuche, davon werden von der IHK Halle-Dessau 48 Verkaufsangebote und 16 Kaufgesuche betreut (eigene Zählung, Stand 20.11.2012).

Allerdings hat die IHK-Umfrage zur Unternehmensnachfolge gezeigt, dass die Börsen noch zu wenig Bekanntheitsgrad besitzen. Nur drei Prozent der befragten Unternehmer, kennen die Nachfolgebörse. Dabei wird die Börse seit Jahren als wichtiges Tool zur Nachfolgesuche publiziert.

5.6 Netzwerk Unternehmensnachfolge Sachsen-Anhalt

Die Handwerkskammern Halle (Saale) und Magdeburg sowie die Industrie- und Handelskammern Halle-Dessau und Magdeburg haben im September 2007 gemeinsam das Netzwerk Unternehmensnachfolge Sachsen-Anhalt gegründet, um als erste Ansprechpartner für Unternehmensnachfolgen wahrgenommen zu werden. Um die fachgerechte Betreuung der Mitgliedsunternehmen sicher zu stellen, wurden die Steuerberater-, Rechtsanwalts- und Notarkammer in das Netzwerk einbezogen.

Ziel des Netzwerkes ist die Information der Unternehmen zur Nachfolgeproblematik durch Veröffentlichungen und Sensibilisierungsveranstaltungen sowie durch Nachfolge-Beratung von Unternehmen und Nachfolge-Interessierten. Die vier gewerblichen Kammern haben dazu im September 2009 eine Kooperationserklärung unterzeichnet.

Im gemeinsamen Netzwerk werden die Unternehmen gleichartig von den gewerblichen Kammern mit einer Beratung zur Bestandsaufnahme, Hinweisen zu möglichen Gefahren und Risiken und Erstellung eines „Nachfolgefahrplanes" betreut. Die Betreuung durch die Betriebsberater der Handwerkskammern geht allerdings noch weiter: So können die Unternehmen mit Maschinen-, Immobilien- bzw. Unternehmenswertermittlungen und bei der Umsetzung der geplanten Schritte unterstützt werden.

Da potenzielle Nachfolger selten zum Klientel der Kammern gehören, haben die Kammern auch nur beschränkte Möglichkeiten, die Unternehmen bei der Suche nach Nachfolgern aktiv zu unterstützen. Daher hat das Netzwerk Unternehmensnachfolge die Gründung des Nachfolgerclubs Sachsen-Anhalt, der 2008 als gefördertes Projekt im Rahmen der Existenzgründerinitiative ego. ins Leben gerufen wurde, maßgeblich unterstützt.

Der Nachfolgerclub hat die Suche und Qualifizierung der Nachfolger mit Assessments, Profilerstellung für den Gründer, Ermittlung von Qualifikationsbedarfen, geförderten Trainings und Seminaren für den potenziellen Gründer unterstützt. Von 2008 bis August 2012 wurden durch das Projekt 73 potenzielle Nachfolger, davon 17 Frauen, betreut. Damit gelang es, 27 Unternehmensübernahmen einzuleiten und bisher 21 erfolgreich abzuschließen.

Durch eine gute Öffentlichkeitsarbeit, hochwertige Newsletter mit spezifischen Themenschwerpunkten, einem breiten Angebot von öffentlichen Auftritten und Sprechtagen sowie durch die Durchführung von fast 150 Veranstaltungen mit verschiedenen Partnern, gelang es, Nachfolgeinteressierte und Unternehmer für die besondere Problematik der Unternehmensnachfolge zu sensibilisieren.

Im September 2012 übernahmen die gewerblichen Kammern die Betreuung des bisher vom Land geförderten Nachfolgerclubs. Ergänzt wurde die Initiative durch die Gründung der Beratervereinigung für Unternehmensnachfolge in Sachsen-Anhalt (BUSA e.V.). Auch ihr Ziel ist es, Unternehmer und Nachfolger bei der Unternehmensnachfolge zu unterstützen und dabei die Potenziale des von den Kammern betreuten Nachfolgerclubs zu nutzen. Die Beratervereinigung wird das Netzwerk Unternehmensnachfolge auch bei der Durchführung von Veranstaltungen und bei der Öffentlichkeitsarbeit unterstützen. Deshalb wurde die BUSA e.V. unmittelbar in das Netzwerk Unternehmensnachfolge mit einbezogen.

Eine finanzielle Beratungsförderung ist in Sachsen-Anhalt grundsätzlich sowohl für den Senior-Unternehmer als auch für dessen Nachfolger möglich. Während jedoch der Übergeber über das Beratungsförderprogramm - Modul Nachfolgeberatung - weitreichend in der Vorbereitung unterstützt werden kann, ist die Situation für externe Nachfolger problematischer. Da sie in der Regel in der Anbahnungs- und Vorbereitungsphase noch im Angestelltenverhältnis eines anderen Unternehmens sind, greifen sowohl die Förderung von Weiterbildung und Qualifikation als auch die Beratungsförderung für einen Nachfolger im Vorfeld der Übernahme nicht oder nur unzureichend. Die Förderung von Weiterbildung und Qualifizierung kann nur über dasjenige Unternehmen erfolgen, in dem der potenzielle Nachfolger bis zum Einstieg in das zukünftig eigene Unternehmen angestellt ist. Aus plausiblen Gründen ist jedoch dieser Arbeitgeber nicht daran interessiert, dem bald scheidenden Mitarbeiter diese Qualifizierung zu ermöglichen. Auch die früheste Beratungsförderung für Existenzgründer (ego.-Start) setzt sechs Monate vor der Firmenübernahme ein, und dies auch nur, wenn mindestens 50 Prozent der Geschäftsanteile durch den Unternehmensnachfolger erworben werden. Dies ist hinsichtlich der Komplexität der Unternehmensübernahme und dem dafür erforderlichen Zeithorizont zu kurz gegriffen. In diesem Sinne wird eine Beratungsförderung für Unternehmensnachfolger benötigt, die sehr weit im Vorfeld der Übernahme ansetzen kann.

5.7 IHK-Empfehlungen zur Vorbereitung und Realisierung von Unternehmensnachfolgen

Die große Herausforderung Unternehmensnachfolge kann insgesamt nur bewältigt werden, wenn sich Senior-Unternehmer, Unternehmensnachfolger, Berater und Politiker ihr gemeinsam stellen. In allen Bereichen gibt es viele noch unausgeschöpfte Potenziale. Wenn es gelingt, diese künftig besser zu nutzen, kann der Unternehmensbestand in Sachsen-Anhalt erhalten und erweitert werden. Die IHK gibt auf der Grundlage ihrer langjährigen Erfahrungen mit Unternehmensnachfolgen, unzähligen Gesprächen mit Unternehmen, Nachfolgern und deren Beratern sowie in Auswertung des vorliegenden Reports Empfehlungen zur Vorbereitung und Realisierung von Unternehmensnachfolgen...

... für Senior-Unternehmer

- Die Planung einer Unternehmensübergabe muss langfristig erfolgen. Erfahrungsgemäß sollte für den gesamten Übergabeprozess eine Zeitdauer von mindestens fünf Jahren eingeplant werden. Frühzeitiges Einbeziehen eines potenziellen Nachfolgers aus der Familie oder aus dem Unternehmen ermöglicht und erfordert das schrittweise Übergehen von Verantwortung und Kompetenzen an die heranwachsende Führungskraft.
- Das Unternehmen muss für einen Verkauf gut gerüstet sein. Auch hier bedarf es langwieriger Vorbereitungen. Das Unternehmen muss für einen Käufer attraktiv sein und dem Nachfolger ein ausreichendes Einkommen erwirtschaften können. Dabei ist zu bedenken, dass Kunden- und Lieferantenbindungen häufig über die Person des Übergebers realisiert werden, die der Käufer nicht im gleichen Maße übernehmen kann. Die rechtzeitige Einbeziehung von Beratungskompetenz ist daher unumgänglich.
- Eine möglichst vom Unternehmen unabhängige zuverlässige Altersvorsorge und -sicherung schafft Spielraum für Kaufpreisverhandlungen und hilft, das Familienvermögen zu sichern.
- Informationen zu den steuerlichen und rechtlichen Komponenten einer Unternehmensübertragung sind dringend erforderlich. Auch hierzu ist eine rechtzeitige Vorbereitung und Beratung anzuraten.

... für Unternehmensnachfolger

- Bevor eine Unternehmensgründung oder ein Unternehmenskauf in Betracht kommt, ist die eigene Eignung zum Unternehmerdasein zu prüfen. Kaufmännische und fachliche Kompetenz, hohe Leistungsfähigkeit, Führungsfähigkeiten, familiäre Belastbarkeit, Überzeugungskraft und Verhandlungsgeschick sind Grundvoraussetzungen für eine erfolgreiche Unternehmensübernahme.
- Umfassende Prüfungen des Unternehmens nach innen und nach außen sind unbedingte Grundlage für einen Unternehmenskauf. Keine Entscheidung sollte getroffen werden, wenn noch Fragen ungeklärt sind. Hierzu ist eine

Begleitung durch einen erfahrenen Unternehmensberater dringend zu empfehlen.
- Ein Unternehmenskauf beinhaltet nicht nur die Weiterführung eines bestehenden Unternehmens. Um zukunftsfähig zu bleiben, bedarf es eigener Visionen und strategische Überlegungen zur Platzierung des Produktes oder der Dienstleistungen am Markt. Hierzu ist ein umfassendes Geschäftskonzept unverzichtbar. Dies ist auch die beste Grundlage für die Verhandlung mit den Banken, wenn es um die Finanzierung des Kaufpreises geht.

... für die Berater
- Die Nachfolgeberatung ist komplex wie der Nachfolgeprozess selbst. In die Beratung sind vielfältige steuerliche und rechtliche, familiäre und psychologische, betriebsorganisatorische und personelle sowie viele andere Aspekte zu berücksichtigen. Das eigene Erfahrungs- und Wissenspotenzial kann bei dieser Komplexität und Vielfalt an Grenzen kommen. Im Interesse einer erfolgreichen Unternehmensübergabe kann es daher sinnvoll sein, mit weiteren Spezialisten zusammenzuarbeiten. Das Netzwerk Unternehmensnachfolge kann hier mit den in Unternehmensübergaben erfahrenen Rechtsanwälten, Steuer- und Unternehmensberatern der Beratervereinigung BUSA e.V. Unterstützung bieten.
- Bei jeder Beratung stehen die Interessen des Auftraggebers im Mittelpunkt. Dennoch sollte bei einer Nachfolgeberatung der Fokus nicht nur auf den Senior liegen sondern die Interessen eines potenziellen Nachfolgers von Beginn an mit berücksichtigen. Inhaberabhängigkeit des Unternehmens, Kunden- und Mitarbeiterstruktur und anderes mehr beeinflussen Entscheidungen von Kaufinteressenten und zu langes Warten auf das beste Angebot führt auf Dauer oft zum Scheitern einer Unternehmensübergabe.
- Der Bekanntheitsgrad von Hilfsmöglichkeiten sowohl zur Zusammenführung von Seniorunternehmern und Nachfolgeinteressierten als auch zur Meisterung des Übergabeprozesses muss dringend erhöht werden. Daher sollten alle Informationsmöglichkeiten durch private Unternehmensberater, Firmenkundenbetreuer der Kreditinstitute und Finanzdienstleister sowie Berater öffentlicher Institutionen genutzt werden, um Unternehmer und an Selbständigkeit interessierte zum Thema Unternehmensnachfolge zu sensibilisieren.

... für die Politik
- *Unterstützung bei Nachfolge-Finanzierung:* Die Beteiligungsfinanzierung gewinnt angesichts der immer schwieriger werdenden Fremdfinanzierung gera-

de für externe Unternehmensnachfolger an Bedeutung. Beteiligungskapital verbessert die Eigenkapitalquote und ermöglicht ein verbessertes Rating bei Fremdfinanzierungen von Unternehmensnachfolgern. Die vom Deutschen Bundesrat vorgeschlagene Steuerpflicht für Dividendenzahlungen an deutsche Kapitalgesellschaften bei Streubesitzbeteiligungen - d. h. für Beteiligungen unter zehn Prozent (DEUTSCHER INDUSTRIE- UND HANDELSKAMMERTAG 2012: Abschnitt „Empfehlungen an die Politik": ohne Seitenangabe) - erschwert Investitionen in Unternehmensnachfolgen zusätzlich zu den sich weiter verschärfenden Fremdfinanzierungsanforderungen nach Basel III.

- *Beratungsförderung für Unternehmensnachfolger:* Unternehmensnachfolger sind besondere Existenzgründer. Sie benötigen insbesondere in der Phase der Anbahnung und Verhandlung mit dem Übergeber professionelle Hilfe. Da diese Phase weit vor der eigentlichen Übernahme liegen kann, ist die Beratungsförderung in Sachsen-Anhalt hierfür nur selten anwendbar und der Unternehmensnachfolger auf sich selbst gestellt. Notwendig wäre eine Beratungsförderung speziell für Unternehmensnachfolger, die seine Verhandlungs- und kaufmännische Fähigkeiten stärkt und im Zeitrahmen weit vor der eigentlichen Übernahme einsetzen kann.
- *Entlastungen bei Erbschaftssteuer:* Der aktuelle Status der Erbschaftssteuergesetzgebung darf für Unternehmensnachfolgen nicht weiter verschärft werden, denn bereits die aktuellen Regelungen entsprechen kaum der betriebswirtschaftlichen Realität. So ist die Lohnsummenregelung bzw. die Behaltensfrist, die unveränderte Lohnsumme und Unternehmensstruktur bis zu sieben Jahre nach Unternehmensübernahme vorschreibt, im sich ständig ändernden und verschärfenden Wettbewerb unrealistisch.
- *Abbau von Informationspflichten:* Beim Betriebsübergang muss jeder einzelne Arbeitnehmer über rechtliche, wirtschaftliche und soziale Folgen im Zuge der Unternehmensübergabe in Kenntnis gesetzt werden. Zwar sollen, sofern eine Arbeitnehmervertretung, z. B. ein Betriebsrat besteht, entsprechende Informationen zukünftig nur noch an diese erfolgen müssen. Jedoch sind Personalvertretungen in vielen zur Übergabe stehenden Unternehmen nicht vorhanden. Dies ist durch den Unternehmensnachfolger auch kaum beeinflussbar. Dennoch trägt auch er bei Verletzung der Informationspflichten durch den Alteigentümer letztendlich die Verantwortung. Das Widerspruchsrecht des Arbeitnehmers im Zuge des Betriebsübergangs bleibt bei fehlender Information über Jahre bestehen, so dass der Nachfolger sich nicht sicher sein kann, ob die Fachkräfte tatsächlich wie von ihm eingeplant zur Verfügung stehen. Daher ist eine zeitliche Begrenzung des Widerspruchsrechts unbedingt erforderlich.

... für die Gesellschaft

- *Unternehmerbild in der Öffentlichkeit verbessern:* Interesse am Unternehmertum ist Grundlage für das Streben nach einer Unternehmensnachfolge. Die Selbstständigkeit muss als attraktive Lebensalternative zum Angestelltenverhältnis wahrgenommen und anerkannt werden. Aus- und Weiterbildung müssen dem Rechnung tragen. Medien sollten ein attraktives Unternehmerbild zeichnen, um die Grundlagen der sozialen Marktwirtschaft zu erhalten. Aber auch die Wirtschaft selbst ist gefragt, um Informationen an Lehrer und Schüler zum Beruf „Unternehmer" zu vermitteln.

• Viele Unternehmer gehen mit gutem, Beispiel voran: durch soziales Engagement, Nachwuchsförderung und ein faires Miteinander im Unternehmen.
• Die Schaffung von günstigen Rahmenbedingungen für Unternehmernachwuchs ist gesamtgesellschaftliche Aufgabe, denn er erhält die Grundlagen unserer sozialen Marktwirtschaft. Politik, Leistungsträger und Medien sind auf allen regionalen Ebenen gleichermaßen gefragt. Erforderlich sind:
 • Findung und Einberufung eines „Arbeitskreises Unternehmerbild"
 • Stärkere Medienpräsenz des Mittelstandes Regionale Medienanalyse
 • Wissen über Marktwirtschaft mehren
 • Selbständigkeit als anzustrebende Lebensalternative im Arbeitsleben vermitteln, Unternehmer müssen als das wahrgenommen werden, was sie sind: Leistungsträger der Gesellschaft
 • Gesellschaftliche Verantwortung als Chance nutzen: „Tue Gutes und rede darüber" -Diskussionsforen und Seminare darüber, wie soziale, kulturelle und ökologische Aspekte nachhaltig in Geschäftsstrategie eingebunden werden können
 • Best practice in regionalen Medien veröffentlichen
 • Diskussion über Wirtschaft von morgen entfachen und führen: in Diskussionsforen anschaulich Veränderungen zeigen, regelmäßiger „Stammtisch" als offene Kommunikationsplattform,
 • Diskussionsforen in Schul- oder Universitätseinrichtungen um auch junge Menschen zu erreichen und in die Debatte einzubinden

- *Gesundes Gründer- und Unternehmerklima schaffen*: Diskussion über das Gründerklima in Deutschland, die immer noch vergleichsweise geringe Selbstständigenquote und bürokratische Hemmnisse auf dem Weg zur Selbstständigkeit, Einsatz für bessere Rahmenbedingungen, Veröffentlichung erfolgreicher Gründerkarrieren

Literatur- und Quellenverzeichnis

Deutscher Industrie- und Handelskammertag, Erbschaftsteuer verunsichert Mittelstand - DIHK-Report zur Unternehmensnachfolge 2012, Berlin: s.n., 2012

Hauser, H.-E.; Kay, R.; Boerger, S., Unternehmensnachfolgen in Deutschland 2010 bis 2014 - Schätzung mit weiterentwickeltem Verfahren, Bonn: Institut für Mittelstandsforschung Bonn (Hrsg.), 2010

Industrie- und Handelskammer Halle-Dessau, IHK-Gründerreport 2011, Halle (Saale): s.n., 2011

Industrie- und Handelskammer Halle-Dessau, IHK-Gründerreport 2013, Halle (Saale): s.n., 2013a

Industrie- und Handelskammer Halle-Dessau, Halle, IHK-Nachfolgereport 2013, Halle (Saale): s.n., 2013b

Statistisches Landesamt Sachsen-Anhalt, Bevölkerung nach Alter und Geschlecht am 31.12.2008, Halle (Saale): s.n., 2009

Statistisches Landesamt Sachsen-Anhalt,. Bevölkerung nach Alter und Geschlecht am 31.12.2009, Halle (Saale): s.n., 2010a

Statistisches Landesamt Sachsen-Anhalt, 5. Regionalisierte Bevölkerungsprognose 2008 bis 2025, Halle (Saale): s.n, 2010bStatistisches Landesamt Sachsen-Anhalt, Bevölkerung nach Alter und Geschlecht am 31.12.2010, Halle (Saale): s.n., 2011a

Statistisches Landesamt Sachsen-Anhalt, Gewerbeanmeldungen und -abmeldungen 2011, Halle (Saale): s.n., 2011b

Statistisches Landesamt Sachsen-Anhalt, Bevölkerung nach Alter und Geschlecht am 31.12.2011, Halle (Saale): s.n., 2012

Teil 3

DEMOGRAFIE UND NACHFRAGE

Seniorenwirtschaft als neuer Absatzmarkt: Potentiale und Chancen für kleine und mittlere Unternehmen

Vera Gerling

Abstract

Der Beitrag „Seniorenwirtschaft als neuer Absatzmarkt: Potentiale und Chancen für KMU" gliedert sich in fünf Teile. Ausgehend von einem kurzen Überblick über die Geschichte und Entwicklung der Seniorenwirtschaft werden die Charakteristika und Segmente dieses Wachstumsmarktes dargestellt. Es folgt eine kritische Darstellung der heterogenen Zielgruppe der älteren Verbraucherinnen und Verbraucher und ihrer Betrachtung durch die Marktforschung. Im Anschluss wird ein Überblick über aktuelle und künftige Branchen der Seniorenwirtschaft mit Beispielen guter Praxis gegeben. Im letzten Teil werden Herausforderungen, Chancen und Lösungsansätze kleiner und mittlerer Betriebe im demografischen Wandel behandelt und Tipps zur Positionierung in der Seniorenwirtschaft gegeben.

6.1 Seniorenwirtschaft: Geschichte und Entwicklung

Das Thema Seniorenwirtschaft hat in den letzten 15 Jahren einen starken Bedeutungszuwachs erfahren. Zurückzuführen ist dies auf den demografischen Wandel und damit verbundenen wachsenden Anteilen älterer Menschen in der Gesellschaft, einem gestiegenen Produktivitätspotential älterer Menschen (im Sinne der Verfügbarkeit über die Ressourcen Zeit, Bildung und Mobilität), ihrer gewachsenen Wirtschaftskraft und Veränderungen im Konsum.

Darauf hat schon das 1999 veröffentlichte „Memorandum Wirtschaftskraft Alter" der Forschungsgesellschaft für Gerontologie, Dortmund (FfG) und des Institutes Arbeit und Technik, Gelsenkirchen (IAT) hingewiesen. Dieses war die erste Veröffentlichung, die einen Perspektivwechsel auf den demografischen Wandel anmahnte – weg von einer primären gesellschaftlichen Belastung und Bedrohung hin zu damit verbundenen Chancen und Herausforderungen. Die Seniorenwirtschaft stellte aus Sicht der Autoren/innen eine zentrale Chance dar und wurde zum ersten Mal umfassend beschrieben.

Das Memorandum stellte gleichzeitig den Start für die „Entdeckung" der Seniorenwirtschaft in Nordrhein-Westfalen (NRW) dar - das Thema ist also nicht mehr ganz so neu wie im Titel benannt.

6.1.1 Landesinitiative Seniorenwirtschaft NRW

Auf Basis des Memorandums wurde 2001 auf Betreiben des damals zuständigen Landesministeriums MGSFF eine AG Seniorenwirtschaft im Rahmen des nordrhein-westfälischen Bündnisses für Arbeit, Ausbildung und Wettbewerbsfähigkeit eingerichtet. Ab 2002 wurde diese AG unter Federführung des MGSFF NRW bzw. des MGFFI (ab Mai 2005) in die Landes- und spätere Zukunftsinitiative Seniorenwirtschaft überführt. Sie existierte bis Ende 2005.

Die Federführung der Landesinitiative Seniorenwirtschaft lag beim nordrhein-westfälischen Ministerium für Gesundheit, Soziales, Frauen und Jugend und die wissenschaftliche Geschäftsführung oblag den beiden Instituten FfG und IAT. Die Autorin hat selbst in den ersten Jahren in der Geschäftsstelle gearbeitet und den Aufbau der Seniorenwirtschaft mit vorangetrieben.

Das Ziel der Landesinitiative bestand darin, in drei Handlungsfeldern die Seniorenwirtschaft in NRW zu aktivieren. Dabei sollte zum einen die Lebensqualität älterer Menschen verbessert als auch zur Sicherung und Schaffung von neuen Arbeitsplätzen beigetragen werden.

Ausgewählte Ergebnisse der Landesinitiative sind die folgenden:

(1) *Telekommunikation und Neue Medien:* Durchführung des Zukunftskongresses Chancen und Innovation durch Telemedien sowie Aufbau des Medienkompetenzzentrums für Senioren/innen in Münster

(2) *Wohnen, Handwerk und Dienstleistungen:* Erarbeitung des Qualitätssiegels Betreutes Wohnen NRW und Veröffentlichung des Kompetenzpapiers Intelligentes Wohnen

(3) *Freizeit, Tourismus, Sport und Kultur:* Aufbau eines universitären Bildungsangebotes für Ältere, Entwicklung von Modellregionen für seniorenorientierten Tourismus

(4) *Übergreifende Aktivitäten:* Durchführung einer der ersten bundesweiten Fachtagungen zum Thema Seniorenmarketing und Veröffentlichung einer diesbezüglichen Empfehlungsbroschüre (seniorenwirt.de).

Aus diesem kurzen Überblick wird deutlich, dass sich einige der Themen seitdem gehalten haben, wenn sich auch die Begrifflichkeiten geändert haben (z.B. Generationen- statt Seniorenmarketing und die Thematik Tourismus 50+).

Seit diesen ersten seniorenwirtschaftlichen Aktivitäten in Nordrhein-Westfalen sind vielfältige Initiativen und Handlungsansätze auf regionaler Ebene, in verschiedenen Bundesländern (v. a. in Brandenburg, Bayern und Niedersachsen), auf Bundesebene und auf europäischer Ebene entwickelt und umgesetzt worden. Thematisch wurde das Spektrum dabei z.T. weiter bzw. anders gefasst. Neben der „eigentlichen" Seniorenwirtschaft (zur Definition vgl. das nächste Kapitel) standen und stehen auch die Themen Gesundheitswirtschaft, Wohnen

(Handwerk, Ambient Assisted Living (AAL)) und E-Health im Fokus der verschiedenen Handlungsansätze.

Auf europäischer Ebene wurde das Thema von 2003 bis 2010 ebenfalls auf Betreiben des damaligen nordrhein-westfälischen Ministeriums für Gesundheit, Soziales, Frauen und Jugend im Rahmen des Netzwerks Sen@er (Silver Economy Network of European Regions) diskutiert und entwickelt.

Auf Bundesebene befasste sich 2005 der fünfte Altenbericht der Bundesregierung mit den Potenzialen des Alters in Wirtschaft und Gesellschaft und behandelte in einem Kapitel explizit das Thema Seniorenwirtschaft. Darauf aufbauend folgte eine fünfteilige Tagungsreihe, die bundesweit von der FfG und dem IAT im Auftrag des Bundesministeriums für Familie, Senioren, Frauen und Jugend durchgeführt wurde (ENSTE/HILBERT 2013: S.109ff) und unter der Bezeichnung Wirtschaftskraft Alter (Marktplatz für alle Generationen) firmierte.

6.1.2 Bundesinitiative Wirtschaftsfaktor Alter

Im April 2008 wurde schließlich die Bundesinitiative Wirtschaftsfaktor Alter durch das Bundesministerium für Familie, Senioren, Frauen und Jugend (BMFSFJ) in Zusammenarbeit mit dem Bundesministerium für Wirtschaft und Technologie (BMWi) ins Leben gerufen. Das für die Umsetzung der Bundesinitiative zuständige Konsortium besteht aus Roland Berger Strategy Consultants, der u.a. in Berlin ansässigen ergo Kommunikation und der Forschungsgesellschaft für Gerontologie e.V. (FfG).

Die Aktivitäten der Bundesinitiative umfassten über die Jahre den Auf- und Ausbau von Kooperationen und Vernetzung, die Durchführung von Veranstaltungen wie bundesweiten Fachforen und regionalen Fachveranstaltungen, die Erarbeitung einer Reihe breit gefächerter Broschüren und Publikationen sowie die Entwicklung und Implementierung von Qualitäts- und Markenzeichen.

Das seit 2008 kontinuierlich erweiterte Themenspektrum hat die Bereiche Arbeitswelt, Gesundheit und Freizeit, Mobilität und Technik, Dienstleistungen und Handel sowie Wohnen und Handwerk zum Inhalt.

Die Initiative „Wirtschaftsfaktor Alter" möchte:

- Zur Verbesserung der Lebensqualität älterer Menschen beitragen
- Potenziale des Marktes generationengerechter Produkte und Dienstleistungen vor allem für mittelständische Unternehmen aufzeigen
- Impulse für die Entwicklung von innovativen Produkten und Dienstleistungen für alle Generationen (universal design) geben
- Ältere Menschen ermuntern, selbstständig unternehmerisch tätig zu werden bzw. zu bleiben und ihre Bedeutung für die Wirtschaft darzustellen

•Ältere Menschen in ihrer Rolle als Verbraucherinnen bzw. Verbraucher stärken (www.wirtschaftsfaktor-alter.de)

6.1.3 Exkurs:Der ‚shirubâ maketto' (silver market) in Japan

Auch außerhalb von Europa gab und gibt es einen Bedeutungszuwachs von Produkten und Dienstleistungen für ältere Menschen. Internationaler Vorreiter war Japan.

Im Rahmen zweier Expertisen, die vom BMFSFJ beauftragt und von der Autorin in Kooperation mit dem Deutschen Institut für Japanstudien in Tokyo durchgeführt worden sind, sind die Handlungsansätze und Erfahrungen des japanischen Silbermarkts für Deutschland aufgearbeitet worden (GERLING /CONRAD 2002 & 2005).

Japan war Anfang des zweiten Jahrtausends nicht nur die älteste, sondern auch eine der wohlhabendsten Gesellschaften der Welt, was auch für viele japanische Senioren/innen galt. Das Land stand am Anfang einer Welle zur Singularisierung des Lebens im Alter, was die Entwicklung von unterstützenden Produkten und Dienstleistungen beförderte. So war das Bewusstsein für die Chancen des Silver Market in Japan zu diesem Zeitpunkt bereits stark ausgeprägt. Bei nach wie vor starker Dominanz des Jugendkults bestand ein gesellschaftspolitisches Ziel in der Ermöglichung eines weitestgehend barrierefreien Alltagslebens für ältere und behinderte Menschen (GERLING /CONRAD 2002: S.5ff).

Schon seit Mitte der 1990er Jahre wurde politisch die verstärkte Entwicklung von Kyôyo-hin-Produkten (wörtlich: gemeinsam nutzbare Produkte – Prinzip des Universal Design) vorangetrieben. 1999 erfolgte die Gründung der Kyôyo-hin Foundation, die die ISO Norm 71 - „Guidelines for standards developers to address the needs of older persons and persons with disabilities" (2001) positiv beeinflusst hat (GERLING /CONRAD 2002: S.7).

Als größter Wachstumsmarkt wurde in Japan der medizinische und wohlfahrtsorientierte Bereich gesehen. Im Vergleich zu Deutschland war damals die stärkere Marktforschung (z.B. von Hakuhodo, Itôchu und Dentsu) sowie die frühere Berücksichtigung und Umsetzung des Themas „Seniorenmarketing" auffällig (GERLING /CONRAD 2002: S.15).

Die Seniorenwirtschaft wurde in Japan ebenfalls nicht als Selbstläufer betrachtet, sondern seitens verschiedener Ministerien gefördert (GERLING /CONRAD 2002: S.18).

Sehr differenzierte Angebote hatte zum damaligen Zeitpunkt der Seniorentourismus hervorgebracht. So führte z.B. der Anbieter Nikko Travel exotische Weltreisen ohne Hauptattraktionen für Senioren/innen durch, die schon alles gesehen hatten. Durchgängiges Merkmal aller untersuchten Anbieter war es, qualifizierte Reisebegleiter/innen zur Verfügung zu stellen (GERLING /CONRAD 2002: S.31ff).

Erwähnenswert ist darüber hinaus die im Vergleich zu Deutschland stärker ausgeprägte Technikakzeptanz und -begeisterung auch älterer Menschen, die für die Entwicklung entsprechende Produkte und Dienstleistungen wie z.b. Service- und Pfegeroboter, Spiele oder neue Medien eine ganz andere Basis darstellt (GERLING /CONRAD 2002 & 2005: S.45f).

Der Silbermarkt gilt in Japan nach wie vor als Wachstumsmarkt, sowohl auf der Nachfrager- als auch auf der Anbieterseite. Allerdings hat die Finanzkrise auch in Japan Spuren hinterlassen und die Konsumausgaben der japanischen Baby-Boom-Generation haben sich nicht so entwickelt wie erwartet. Viele japanische Senioren/innen haben ihre Familien unterstützt oder Geld zurückgelegt, anstatt es für sich selbst auszugeben (KOHLBACHER 2011: S.260).

Nach Produktgruppen lässt sich der japanische Silbermarkt aktuell grob in drei Untersegmente einteilen: (1) einfach zu bedienende und zu verwendende Produkte wie nutzerfreundliche Mobiltelefone, (2) Luxusgüter für wohlhabende Senioren/innen wie die schon oben erwähnten Luxus-Reisen und (3) unterstützende (Geronto-)Technik bzw. Technologien für behinderte und/oder eingeschränkte Ältere (KOHLBACHER 2011: S.263).

Vor dem Hintergrund der auch in Japan anwachsenden sozialen Ungleichheiten, einer zunehmender Altersarmut und einem Anstieg von nicht-regulär beschäftigten Arbeitnehmern/innen, die unzureichend sozialversichert sind, wird sich der Silbermarkt zukünftig wahrscheinlich ändern. Er kann sich nicht mehr wie bislang ausschließlich auf die „Alten, Reichen und Gesunden" konzentrieren, sondern muss verstärkt die „Alten, Armen und Kranken" in den Blick nehmen (KOHLBACHER 2011: S.272).

6.2 Seniorenwirtschaft: Charakteristika und Segmente

Was aber genau ist nun eigentlich die Seniorenwirtschaft? Zunächst muss konstatiert werden, dass es keine einheitliche Definition gibt. In den 1970er und 1980er Jahren waren typische Produkte für Ältere eher dem Bereichen Geriatrika und Sanitätshausprodukte zugeordnet.

Seit 2000 sind mit der Seniorenwirtschaft Produkte und Dienstleistungen für Ältere jenseits der „klassischen" Angebote in der Vordergrund getreten, z.B. Neue Medien, Kosmetika, Tourismus, Kultur und Freizeit.

Insgesamt gilt, dass die Seniorenwirtschaft ein breites und nur schwer eingrenzbares Feld wirtschaftlicher Aktivitäten darstellt. Seniorenwirtschaft ist kein eigenständiger Wirtschaftsbereich, sondern eher ein Querschnittsmarkt mit verschiedenen Sektoren (die nicht immer kongruent mit Branchenabgrenzungen oder Wirtschaftszweigen sind) (HEINZE & NAEGELE 2010: S.110).

Nach HEINZE, NAEGELE & SCHNEIDERS beinhaltet die Definition des Clusters Seniorenwirtschaft Wohnangebote, Pflege, soziale Dienste, Gesundheitswirtschaft, Handel und Handwerk, Tourismus, Neue Medien, Technik, Bank- und Finanzdienstleistungen (2011: S.120).

Weitere Segmente umfassen z.b. Körperpflege, Automotive, Möbel und Haushaltsgeräte, Bekleidung, Elektronik, Unterhaltung, Kultur.

Die Bezeichnung „Wirtschaftsfaktor Alter" oder „Wirtschaftskraft Alter" fasst Seniorenwirtschaft noch weiter: Inkludiert sind hier auch ältere Arbeitnehmer/innen und informelle bzw. ehrenamtliche Arbeit im Alter.

Zukünftig ist - wie schon für Japan angesprochen - mit einer weiteren Ausdifferenzierung der Zielgruppe, ihrer Bedürfnisse, ihres Konsums und ihrer wirtschaftlichen Möglichkeiten zu rechnen. Damit einher geht die Möglichkeit und Notwendigkeit der kontinuierlichen Erweiterung der Produkt- und Dienstleistungspalette (vgl. dazu HEINZE et al. 2011, BMFSFJ & BMWi 2007).

6.3 Ältere Verbraucher/innen: wer sind sie?

Seitens verschiedener Disziplinen werden ältere Menschen unterschiedlich segmentiert und bezeichnet.

Zunächst gibt es die „klassische" Einteilung in die Altersklassen: junges Alter (55 - 65), mittleres Alter (65 - 75), hohes Alter (75 - 85/90) und hochaltriges Alter (85/90+).

Damit wird man jedoch nicht der Differenzierung älterer Menschen innerhalb der verschiedenen Altersklassen gerecht.

Die (internationale) Marktforschung hat im Laufe der Jahre eine Vielfalt mehr oder weniger schillernder Bezeichnungen hervorgebracht: Best Agers, 50+, Master Consumers, Selpies (Second Life People), Mid Agers, Grumpies (Grown-up Mature People), Silver Surfers, Yollies (Young Old Leisurely Living People), Woopies (Well Off Older People) etc.

Die sozialwissenschaftliche Diskussion des Verbraucherverhaltens war und ist z.T. polarisierend. Ältere Konsumenten/innen werden in einem Spannungsfeld zwischen konsumfeindlich und konsumfreudig sowie kompetent und kaufkraftstark dargestellt, was Parallelen zum Defizit- bzw. Kompetenzmodell des Alters hat.

Festzuhalten ist aus sozialwissenschaftlicher Sicht jedoch, dass sich die Lebensläufe und Lebensphasen weiter ausdifferenziert haben. Die zeitliche Ausdehnung der Altersphase hat zugenommen und beträgt oft 40 Jahre und mehr.

Der sozial-strukturelle Wandel hat das Alter erreicht und auch dort verschiedene Lebensformen und -stile hervorgebracht.

Ältere Menschen sind durch unterschiedliche Kohortenerfahrungen (z.b. mit Blick auf Technik, Krieg) und biografische Bedingungen gekennzeichnet und verfügen über lebensgeschichtliche Erfahrungen sozialer Ungleichheit. Zudem ist es in den letzten Jahrzehnten zu einer zunehmenden ethnischen und kulturellen Differenzierung im Alter gekommen, die noch nicht abgeschlossen ist und weiter zunehmen wird.

Insofern muss die Differenzierung des Alters auch mit Blick auf einen vermeintlich alterstypischen Konsum beachtet werden. Das Spektrum älterer Menschen ist groß: es gibt gesunde, fitte, reiche, aktive, gesellschaftlich integrierte, konsumfreudige aber auch alte, kranke, arme, sozial isolierte, zurückgezogen lebende und am Konsum desinteressierte Senioren/innen. Zudem ist das Alter durch eine Zunahme der intraindividuellen Variabilität gekennzeichnet, d.h. es gibt eine wachsende Heterogenisierung von individuellem Alter und Alter(n)serleben.

Eine sozialgerontologische Konsumforschung betrachtet Statuspassagen im Lebensverlauf und die damit verbundenen Konsuminteressen, -bedürfnisse und -handlungen. Statuspassagen im Lebensverlauf, die Einfluss auf das Konsumverhalten haben, sind z.B.:

- Auszug der Kinder („empty nest")
- Ausscheiden aus dem Berufsleben („späte Freiheit")
- Beginn des aktiven, sog. jungen Alters
- Großelternschaft („intergenerationell sorgendes, verantwortliches handelndes Alter")
- beginnende funktionale Einschränkungen („vorpflegebedürftiges Alter")
- ernsthafte gesundheitliche Einschränkungen / Pflegebedürftigkeit („vulnerables Alter")
- Tod des/der Partners/in („singularisiertes Alter")
- Einzug in besondere Wohnformen („betreutes Alter").

Es gibt allerdings auch lebensphasenübergreifende Präferenzen Älterer. Diese sind ausgerichtet auf Gesundheit, Sicherheit (materiell, existentiell, baulich-wohnlich), Selbständigkeit und Wunsch nach Selbstbestimmung, Lebensqualität (physisches und psychisches Wohlergehen), soziale Einbindung und Integration (Kommunikation, Kontakte) sowie Wünsche für das Wohlergehen anderer (v.a. engste Familienmitglieder, Enkelkinder etc.) (NAEGELE 2010: S.251ff).

Um der Heterogenität der großen Gruppe der älteren Menschen gerecht(er) zu werden, sind seitens der Markt- und Sozialforschung diverse Klassifizierungen von Lebensstil-, Milieu- und Verbrauchergruppen älterer Menschen entwickelt worden. Dazu zählen z.b. die acht Sinus-Milieus 50plus Deutschland, die drei Persönlichkeitstypen 50plus von tns emnid, die sechs Seniorentypen 50plus der T.E.A.M. Studie und die drei Lifestyle-Typen von Grey.

Im Folgenden werden die fünf wertebasierte Konsumententypen 50plus von ROLAND BERGER STRATEGY CONSULTANTS ausführlicher dargestellt. Sie sind 2007 im Rahmen der „Bundesinitiative Wirtschaftsfaktor Alter" entwickelt worden und im Vergleich zu anderen Typisierungen aktueller und differenzierter.

Preisbewusste Häusliche (43 Prozent): Sie sind im Durchschnitt 63 Jahre alt, zu 42 Prozent berufstätig, die Geschlechter sind gleich verteilt, ¾ leben in einer Partnerschaft, 45 Prozent wohnen im eigenen Haus, sie sind preissensitiv, verfügen über eine geringe Markenorientierung, ihre Produktwahl ist auf Langlebigkeit und Funktionalität ausgerichtet und sie kaufen am liebsten in kleinen Geschäften wo man sie kennt

Qualitätsbewusste Etablierte (28 Prozent): Sie sind im Durchschnitt 63 Jahre alt, befinden sich im Ruhestand, sind zu 61 Prozent Frauen, zu über 40 Prozent alleinstehend, preisbewusst, aber bereit für gute Qualität zu zahlen, haben eine relativ hohe Markenaffinität, sind treue Kunden/innen und kaufen sowohl in Fachgeschäften als auch in Verbrauchermärkten

Anspruchsvolle Genießer (15 Prozent): Sie im Durchschnitt 61 Jahre alt, ca. 50 Prozent sind noch berufstätig, die Geschlechter gleich verteilt, 90 Prozent leben in einer Partnerschaft, sie sind überdurchschnittlich gut gebildet, Qualität, Design und Marken sind ihnen wichtig, ebenso Genuss und persönlicher Komfort, sie verfügen über eine hohe Markentreue, eine hohe Technik- und Beratungsaffinität, bevorzugen das Fachgeschäft und informieren sich im Internet

Kritische Aktive (8 Prozent): Sie sind im Durchschnitt 69 Jahre alt, befinden sich im Ruhestand, sind zu 61 Prozent Frauen, 52 Prozent von ihnen leben allein, 40 Prozent wohnen im eigenen Haus, sie bevorzugen Bewährtes und Sicheres, sind deutlich preissensibel aber bereit, für Beratung zu zahlen, sind kritisch beim Einkaufen und wollen die Produkte verstehen, brauchen Zeit für Beratung und kaufen dort, wo das beste Angebot bei zugleich bester Beratung zu finden ist

Komfortorientierte Individualisten (6 Prozent): Sie sind im Durchschnitt 56 Jahre alt, zu 90 Prozent noch berufstätig, verfügen über einen überdurchschnittlich hohen Bildungsstand und Nettohaushaltseinkommen, leben zu 70 Prozent in den eigenen vier Wänden, 82 Prozent leben in einer Partnerschaft, verfügen über hohe Konsumfreudigkeit, hohe Technikaffinität, Qualität, Design und Marken sind für sie wichtiger als der Preis, haben eine hohe Markenaffinität, hohe Qualitätserwartung, hohe Ansprüche an Dienstleistungs-

und Servicequalität und kaufen gleichermaßen im Fachgeschäft, in Fachmärkten und im Internet (BMFSFJ & BMWi 2007: S.9ff).

6.3.1 Einkommen älterer Menschen

Trotz starker und zunehmender Unterschiede innerhalb der Gruppe der älteren Menschen ist das Einkommen der Altersklasse im Vergleich zu früheren Alterskohorten aktuell recht hoch.

Die Gesellschaft für Konsumforschung beziffert die Kaufkraft 50+ (definiert als frei verfügbares Einkommen) für das Jahr 2010 auf über 720 Mrd. € (POMPE 2011: S.17).

Schon im Jahr 2004 kam eine im Rahmen der Landesinitiative Seniorenwirtschaft NRW durchgeführte repräsentative Untersuchung zu dem Ergebnis, dass sich der überwiegende Teil der damaligen nordrhein-westfälischen Seniorenhaushalte in einer finanziell zufriedenstellenden Situation befand.

Diese Ergebnisse werden durch die Einkommens- und Verbraucherstichproben der Jahre 2003 und 2008 bundesweit bestätigt (ENSTE & HILBERT 2013: S.112).

Tabelle 6.1: Haushaltsnettoeinkommen älterer Menschen nach der Einkommens- und Verbrauchsstichprobe 2003 und 2008
(ENSTE/HILBERT 2013: S.113)

	Alter des/der Haupteinkommensbeziehers/in in Jahren				
	55-65	67-70	70-80	80 +	insgesamt
EVS 2003	3.092 €	2.536 €	2.146 €	2.005 €	2.833 €
EVS 2008	2.993 €	2.551 €	2.484 €	2.285 €	2.914 €
Im Vergleich	-3,2 Prozent	+0,6 Prozent	+15,8 Prozent	+14,0 Prozent	+2,9 Prozent

Betrachtet man die Gruppe der 55-65-jährigen, so wird deutlich, dass sie zwischen 2003 und 2008 bereits Einkommenseinbußen hinnehmen mussten. Eine Darstellung des Durchschnittsnettoeinkommens wird darüber hinaus nicht der großen Spannbreite der Einkommenssituation dieser Altersgruppe gerecht. Nach eigenen Berechnungen von ENSTE/HILBERT verfügt in der Altersgruppe der 55-65-jährigen zwar gut ein Viertel über ein Haushaltseinkommen, das höher ist als 3.500 €, ein weiteres Viertel hat aber auch weniger als 2.000 € monatlich zur Verfügung und 6,3 Prozent leben sogar im Bereich der Armutsgrenze (ERNSTE & HILBERT 2013: S.113).

Nach der Generali Altersstudie 2013, einer repräsentativen Befragung von über 4.000 ausgewählten Personen der Altersgruppe 65 bis 85 Jahre, bewerten 63 Prozent ihre wirtschaftliche Lage mit „gut" (54 Prozent) oder „sehr gut" (9 Prozent), 30 Prozent mit „es geht". Als „eher schlecht" beurteilen ihre wirtschaftliche Situation fünf Prozent und als „schlecht" ein Prozent. Ein weiteres Prozent machte keine Angaben (BPB 2013: S.73ff).

Zukünftig wird sich die Einkommenssituation älterer Menschen weiter ausdifferenzieren und der Anteil derjenigen, die über weniger Einkommen verfügen, wird sich im Zuge von lückenhaften Erwerbsbiografien, Einschnitten in den Versorgungssystemen und zunehmender Eigenverantwortung bei der Gesundheitsversorgung und Altersvorsorge vermutlich erhöhen (ENSTE/HILBERT 2013).

6.3.2 Konsumverhalten älterer Menschen

Das Konsumverhalten älterer Menschen hat sich in den letzten Jahrzehnten geändert. Grundsätzlich ist das durchschnittliche Konsumverhalten älterer Menschen heute als deutlich hedonistischer als das der früheren Generationen zu bezeichnen.

2003 machten die Haushalte der über 60-jährigen mit ca. 316 Mrd. bereits fast ein Drittel der privaten Konsumausgaben insgesamt aus. Die Konsumausgaben der Altersgruppen variieren jedoch in Abhängigkeit der Höhe des zur Verfügung stehenden Einkommens, dem Alter der Bezugsperson und der Zusammensetzung des Haushalts. Im Durchschnitt gab 2003 ein Haushalt im Monat ca. 2.180 € aus (2/3 entfielen auf die Bereiche Nahrungsmittel, Wohnen, Verkehr und Freizeit) (DIW 2007: S.80f).

Differenziert nach Altersgruppen zeigte sich folgendes Bild: Die Ausgaben der jungen Haushalte bis 35 Jahre waren mit 1.750 € deutlich unterdurchschnittlich, die Ausgaben der Haushalte zwischen 35 - 50 Jahre mit 2.430 € (etwas überdurchschnittlich). Interessant ist, dass die Ausgaben der Haushalte zwischen 50 - 60 Jahre: 2.560 € am höchsten waren. Die Ausgaben der Haushalte 60+ waren uneinheitlich: Haushalte zwischen 60 - 65 Jahren hatten mit 2.320 € etwas unterdurchschnittlich Ausgaben, die Haushalte zwischen 65 - 75 Jahren mit 2.050 € unterdurchschnittliche und die über 75 Jahre mit 1600 € deutlich unterdurchschnittliche Ausgaben (DIW 2007: S.81).

Die Bedeutung der Haushalte 60+ für den Konsum wird bis 2050 deutlich zunehmen und ihr Anteil an den Gesamtkonsumausgaben wird rein demografisch bedingt von ca. einem Drittel auf über 41 Prozent steigen. Gleichzeitig nimmt die Bedeutung der Altersgruppe von 30 - 50 Jahren für den Konsum ab. Bereiche, in denen Ältere überdurchschnittlich viel zum Konsum beitragen, sind die Gesundheitspflege, sowie Wohnen und Freizeit.

Die über 50-jährigen haben aktuell bei allen Konsumgütergruppen einen Konsumgüteranteil von mindestens 45 Prozent; in vielen Bereichen (z.b. Nahrung, Bekleidung, Reisen) sind sie für über 50 Prozent der Ausgaben verantwortlich.

Der Anteil der über 65-jährigen am Gesamtkonsum wird von 18 Prozent (Stand 2007) auf über 26 Prozent im Jahr 2035 ansteigen (DIW 2007: S.12; BMFSFJ & BMWi 2007: S.116).

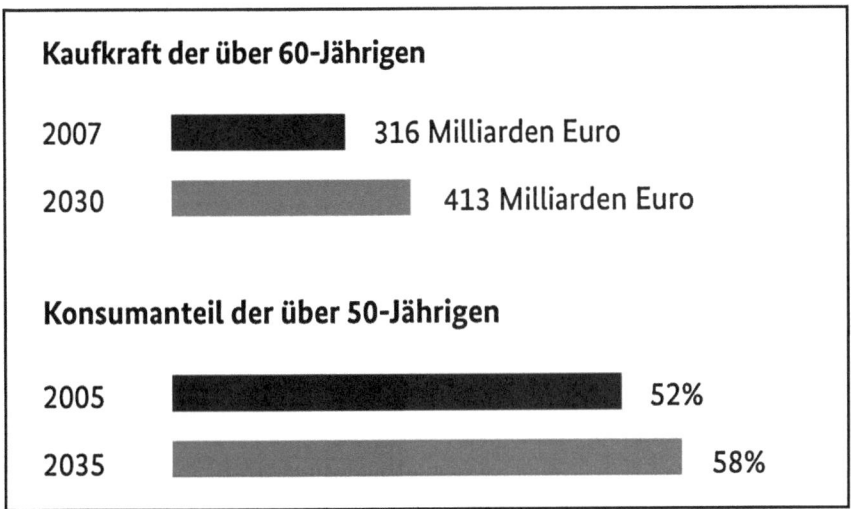

Abb. 6.1: Prognosen der Kaufkraft und des Konsums älterer Menschen bis 2030 (BMFSFJ 2013)

Viele ältere Menschen sind erfahrene Konsumenten/innen. Und als solche haben sie meist hohe Ansprüche und Erwartungen an Qualität, Handhabbarkeit, Nutzerfreundlichkeit und Langlebigkeit von Produkten (BMFSFJ & BMWi 2010: S.26).

Bei serviceorientierten Dienstleistungen legen viele Senioren/innen Wert auf persönliche seriöse Beratung ohne Zeitdruck und die Berücksichtigung ihrer Bedürfnisse wie Komfort, Service, Sicherheit und Individualität (BMFSFJ & BMWi 2010: S.31f).

Was ältere Menschen nicht wollen, sind Produkte und Dienstleistungen, die in ihrer Gestaltung oder Benennung das Alter der vermeintlichen Zielgruppe besonders hervorheben, Hilfebedürftigkeit suggerieren oder stigmatisierende Wirkung haben (z.B. in Form von „Krankenhaus-Design", speziellen Seniorenhandys oder Seniorentellern) (BMFSFJ & BMWi 2010: S.41).

6.4 Aktuelle und künftige Branchen der Seniorenwirtschaft

Wie bereits angedeutet, werden sich durch die Verschiebung der Altersstrukturen zukünftig auch die Konsumstrukturen ändern. Dabei wird es wachsende und schrumpfende Konsumbereiche geben.

Nach Berechnungen von ROLAND BERGER STRATEGY CONSULTANTS werden bis 2035 zusätzliche Wachstumschancen in folgenden Bereichen bestehen: Gesundheit & Pflege (Konsumzuwachs bis 40 Prozent), Reisen & Hotels (Konsumzuwachs bis 13,4 Prozent), Energie (Konsumzuwachs bis 4,7 Prozent) sowie Möbel & Haushaltsgeräte (Konsumzuwachs bis 0,6 Prozent).

Schrumpfende Konsumbereiche betreffen durch eine Zunahme des Wettbewerbs bis 2035 die folgenden Geschäftsfelder: Restaurants (Konsumverlust bis -1 Prozent), Nahrungsmittel (Konsumverlust bis -2,7 Prozent), Kommunikation (Konsumverlust bis -3,8 Prozent), Bekleidung, Schuhe, Schmuck (Konsumverlust bis -8,2 Prozent), aktive Freizeitgestaltung (Konsumverlust bis -6 Prozent), Home Entertainment (Konsumverlust bis -8 Prozent) und Verkehr (Konsumverlust bis -8 Prozent) (BMFSFJ & BMWi 2010: S.21f).

Die Nachstehende Abbildung verdeutlicht die Chancen und Risiken für verschiedene Branchen bis 2035.

Gütergruppen	Risiken (in Form eines abnehmenden Konsumanteils)	Chancen (in Form eines zunehmenden Konsumanteils)
Aktive Freizeitgestaltung	++	
Bekleidung/Schuhe/Schmuck	++	
Energie		+
Nahrungsmittel/Getränke	+	
Gesundheit/Pflege		+++
Home Entertainment	++	
Körperpflege		keine Veränderung
Kommunikation	+	
Möbel/Haushaltsgeräte		+
Reisen/Hotels		++
Restaurants	+	
Verkehr/Mobilität	++	

Abb. 6.2: Zukünftige Chancen und Risiken für verschiedene Branchen (bis 2035) (BMFSFJ & BMWi 2010: S.21)

Der Marketingexperte POMPE hat die nachfolgenden potentiellen Boom-Branchen im demografischen Wandel identifiziert. Diese basieren zwar nicht auf statistischen Berechnungen, geben aber eine gute Übersicht über das Querschnittsthema des Seniorenmarkts (2011).

- *Dienstleistung & Service:* Freizeitvergnügen, Events, Heimservice, Personalcoaching, Home-Entertainment
- *Konsum- & Luxusgüter:* Automobilindustrie, Mobilität, Genießer-Produkte wie Champagner, edle Weine, Feinkost
- *Lifestyle:* Mode, Wohnen und Einrichtung
- *Geld- & Finanzdienstleistungen:* Vermögensmanagement, Geldanlage, Altersvorsorge, Vermögensübertragung
- *Immobilien & Wohnen:* Service-Wohnen, Renovierung, Bauträger, Facility-Management
- *Nahrung & Genuss:* Erlebnisgastronomie, Restaurants, Cafés, Bio-Angebote, Öko-Produkte, Functional-Food, Convenience-Produkte
- *Gesundheit & Prävention:* Privatkliniken, Hotelkliniken, Gesundheitsportale, Entschleunigungs-Angebote und -Dienstleistungen
- *Seniorenwirtschaft (70+):* neue Wohnformen wie z.B. intergeneratives Wohnen, vernetzte Gesundheitszentren mit Pflegeangeboten von Premium- bis Discountqualität
- *Pharma & Kosmetik:* Anti-Ageing Produkte, Geronto-Produkte, Alternativmedizin, Haarfärbemittel, Hand- und Gesichtscremes
- *Fitness, Wellness & Beauty:* Fitness-Zentren, Anti-Ageing, Wellness-Massagen, fernöstliche Entspannung
- *Tourismus:* Reiseveranstalter, Kreuzfahrten, Hotellerie, Lebensträume
- *Mobilität & Verkehr:* Elektro-Fahrräder, attraktive Angebote des öffentlichen Nahverkehrs, Anbindung an Städte und Einkaufszentren
- *Übergang vom Berufsleben in (Un-) Ruhestand:* Lehrangebote, Seniorenstudium, VHS-Angebote, Ehrenamt, Senior-Experten-Service (SESI), Freiwilligen-Agenturen
- *Einzelhandel:* integrierte Einkaufs-Erlebniszentren und Erlebniswelten für alle Sinne
- *Handel & Logistik:* Versandhandel, Direktvertrieb via Internet, Umzugsmanagement
- *Kultur & Bildung mit sozialen Kontakten:* Theater, Musicals, Kinos, lebenslanges Lernen
- *Städte & Politik:* Städtemarketing
- *Technologie:* Medizintechnologie, Kommunikationsmedien
- *Beratung & Coaching:* KMU-Unternehmer, Fundraising, Einzelkämpfer 50plus, Personalberatung und Headhunting 50plus
- *Medien:* interaktives Fernsehen
- *Politik:* Parteien und die Wähler-Macht 50plus (POMPE 2011: S.43ff)

6.5 Vertiefte Darstellung der Handlungsfelder Tourismus, Wohnen und Handwerk sowie Einzelhandel und Beispiele guter Praxis

Im Folgenden werden vertieft die Handlungsfelder Tourismus, Wohnen und Handwerk sowie Einzelhandel mit Beispielen guter Praxis dargestellt.

6.5.1 Tourismus

Im Tourismus hat sich die Seniorenwirtschaft nach Einschätzung der Autorin in den letzten zehn Jahren besonders stark entwickelt. Wie schon in Kapitel 3 ausführlicher dargestellt, stellen auch in dieser Branche ältere Menschen ein zunehmend differenziertes Marktsegment dar.

Die Ausgaben älterer Menschen für Reisen sind bis zur Altersgruppe 75+ überdurchschnittlich hoch. Pauschalreisen haben insbesondere bei den 60-65-jährigen und den 65-75-jährigen eine sehr hohe Bedeutung (RKW KOMPETENZ-ZENTRUM 2010: S.9).

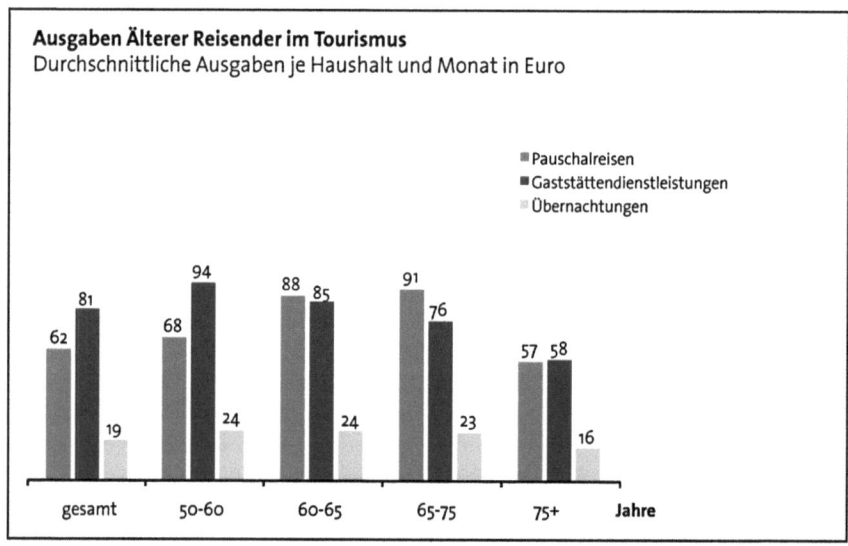

*Abb. 6.3: Ausgaben (älterer) Menschen für Reisen
(DIW 2007, zitiert nach RKW KOMPETENZZENTRUM 2010: S.9)*

Allein im Gesundheitstourismus liegt der Umsatz der älteren Generation bei 2,5 Mrd. Euro. Das Marktpotenzial ist nach Angaben der GfK (2009) doppelt so hoch (DstGB 2011: S.6).

Die touristischen Bedürfnisse älterer Menschen variieren nach Bildungsstand, Einkommen, partnerschaftlicher Situation und Gesundheitszustand. Senioren/innen verfügen heute über eine gestiegene Mobilität und Reiserfahrung. Wenn das Angebot stimmt, kehren viele auch gerne zurück.

Mittlerweile gibt es eine Reihe differenzierter Angebote für unterschiedliche Zielgruppen (z.B. Betreutes Reisen oder Langzeittourismus im Mittelmeerraum) (DstGB 2011: S.11).

Aktuell ist eine Tendenz der Aufspaltung des Seniorenmarkts in zwei Segmente zu beobachten: 1. Der/die marken- und qualitätsbewusste „Erlebniskonsument/in" (auf der Suche nach dem Besonderen) und 2. der „Sparkonsument", (mit ungebrochener Reiselust aber einem geringes Budget) (PETERMANN et al. 2005: S.13).

Der 2010 von TOURISMUS NRW veröffentlichte „Masterplan Tourismus Nordrhein-Westfalen" hat im Rahmen einer Zielgruppenanalyse *zwei Gruppen* älterer Reisender identifiziert, auf die sich Nordrhein-Westfalen als Fokuszielgruppen konzentrieren sollte:

(1) Die Aktiven Best Ager (über 60 Jahre alt, Anteil an den deutschen Touristen (2008): 7,6 Prozent (3,3 Millionen) Frauenanteil: 49,8 Prozent, Durchschnittsalter: 67,8 Jahre, Anteil Berufstätiger: 13,1 Prozent, Durchschnittliches monatliches Haushaltsnettoeinkommen pro Kopf: 1.262 Euro).

Die Aktiven Best Ager fühlen sich wesentlich jünger als sie tatsächlich sind. Diese Personengruppe tendiert zu „klassischem Urlaub" in bewährten Destinationen in Deutschland, Österreich und in der Schweiz. Aktive Best Ager legen großen Wert auf Qualität und Service und verfügen über eine hohe Affinität zu Premiumprodukten. Ihre Ansprüche an die Gestaltung des Urlaubs sind hoch. Da ihre Preissensitivität gering ausgeprägt ist, sind die Aktiven Best Ager bereit, in ein angenehmes Urlaubserlebnis zu investieren. Dabei sind sie auch offen für neue Bekanntschaften und neue Erfahrungen. Ein auffallendes Merkmal ist ihre ausgeprägte Naturverbundenheit. Aktive Best Ager fahren häufiger weg als der Durchschnitt der Bevölkerung, dabei bevorzugen sie die Nebensaison und unternehmen zusätzlich zu den Hauptulauben einige Kurztrips.

(2) Die Bodenständigen Best Ager (über 60 Jahre alt, Anteil an den deutschen Touristen (2008): 17,9 Prozent (7,9 Millionen), Frauenanteil: 54,5 Prozent, Durchschnittsalter: 68,9 Jahre, Anteil Berufstätiger: 4,7 Prozent, durchschnittliches monatliches Haushaltsnettoeinkommen pro Kopf: 1.094 Euro).

Bodenständige Best Ager schätzen das Bewährte und lassen sich nur ungern auf Experimente ein. Bei den Erwartungen an die Urlaubsgestaltung stehen Qualität und Service im Vordergrund, ein weiterer wesentlicher Aspekt ist die Entspannung; Bodenständige Best Ager möchten gerne verwöhnt werden. Ähnlich wie die Aktiven Best Ager sind Bodenständige Best Ager sehr naturverbunden, allerdings achten sie mehr auf ihr Geld. Auch reisen die Bodenständigen Best Ager weniger häufig als der Durchschnitt der deutschen Touristen/innen. Ein beliebter Reiseanlass stellen Gesundheitsangebote dar. Deutschland ist die bevorzugte Destination dieses Segments, dabei sind die Mittelgebirge sowie die Alpen bzw. das Allgäu die Favoriten unter den gewählten Ferienregionen (TOURISMUS NRW 2010: S.42).

Auch wenn ältere Touristen/innen insgesamt sehr heterogen sind, so gibt es übergreifende Bedürfnisse, die auf die meisten von ihnen zutreffen. Dazu zählen hohe Ansprüche an Komfort und Service, Sicherheit, Informationsbedarf und Preistransparenz, sowie bestimmte Werte und Traditionen.

I.d.R. besteht für Anbieter die Herausforderung darin, keine Spezial-Angebote für Senioren/innen zu schaffen, sondern Angebote altersgerecht auszugestalten. Dabei sollten jüngere Altersklassen nicht ausgeschlossen werden (DstGB 2011: S.11).

Dennoch gibt es auch Angebote, die erfolgreich sind, weil sie ausschließlich auf Senioren/innen fokussieren (vgl. die Beispiele guter Praxis am Ende des Kapitels).

Bei der Entwicklung bzw. der Vermarktung von touristischen Angeboten für ältere Menschen sollten entlang der Wertschöpfungskette folgende Bereiche abgedeckt werden: Planung der Reise (z.B. Beratung, Internet), Anreise (z.B. Abholservice), Angebote vor Ort (z.B. Barrierefreiheit, Sitzgelegenheiten) Zusammenarbeit mit anderen Akteuren, Ausstattung des Hotels und der Zimmer sowie Essen (DstGB 2011: S.15ff).

Aktuelle Beispiele guter Praxis umfassen z.B. die folgenden:
- Informationen zur Barrierefreiheit touristischer Angebote in Brandenburg (*www.barrierfrei.brandenburg.de*)
- Zusammenschluss von 26 Kooperationspartnern im Teutoburger Wald (*www.wellnessplus-teutoburgerwald.de*) (früher teuto50plus)
- Altstadt zum Anfassen: In Düsseldorf gibt es einen taktilen Stadtplan als Bronzemodell mit Blindenschrift und lateinischen Buchstaben
- In Sonthofen kann man kostenlos Fahrräder und E-Bikes leihen
- Der Kurort Scheidegg im Allgäu hat sich im Gesundheitstourismus weltweit als erster Kurort auf ein Krankheitsbild spezialisiert und zwar auf Zöliakie (chronische Erkrankung der Dünndarmschleimhaut durch Gluten) (DstGB 2011: S.14ff)

- Hotels im Hasetal in Niedersachsen verfügen über eine „Kopfkissenbar" (*www.hasetal.de*)
- Das Qualitätsmanagementsystem ServiceQualität Deutschland richtet sich v.a. an kleine und mittlere Unternehmen. Aktuell sind ca. 4.000 Betriebe zertifiziert, u.a. Gaststätten, Hotellerie und Reiseveranstalter (*www.servicequalitaet-deutschland.de*) (DstGB 2011: S.10)
- „Lockeres Dahintouren": Youngtimer Motorradreisen bietet europaweit geführte Motorradreisen durch außergewöhnliche Landschaften für die Altersgruppe 50+ (*www.youngtimer-motorradreisen.de*)
- Abenteuerreisen 50plus: Ein Anbieter aus Kanada, 1987 gegründet, hat sich auf ältere Abenteurer/Innen spezialisiert und über 100 Länder weltweit im Angebot (*www.eldertreks.com*)
- RAL Gütezeichen „50plus Hotel": Dieses bezieht sich auf die Qualität der Einrichtungen und der Serviceleistungen. Qualifizierte Betriebe sind familiär geführte Betriebe, die sich auf die Wünsche und Bedürfnisse von Menschen über 50 Jahren spezialisiert haben (*www.50plushotels.de*) (WIRTSCHAFTSKAMMER ÖSTERREICH 2008: S.8f)

6.5.2 Wohnen & Handwerk

Die Themen Wohnen und Wohnumfeld gewinnen im Alter an Bedeutung, denn die eigene Häuslichkeit wird zunehmend zum Lebensmittelpunkt. 50 Prozent der über 50-jährigen wohnen in den eigenen vier Wänden. 25 Prozent der zwischen 50 und 60-jährigen wollen noch einmal umziehen (pro Jahr ca. 800.000 Menschen).

Nur 4 Prozent der über 65-jährigen leben in institutionalisierten Lebensformen und weitere 4 Prozent in altersgerechten Wohnformen (Betreutes Wohnen, altersgerechtes Wohnen, Seniorenresidenzen, alternative Wohnmodelle) (HEINZE et al. 2011: 163ff.; POMPE 2011: S.59f).

Nach neueren Studien sind nur ca. 1 bis 2 Prozent des gesamten Wohnungsbestandes in Deutschland altengerecht und rund 95 Prozent aller Haushalte, in denen ältere Menschen wohnen, müssen mit Barrieren leben. Mehr als die Hälfte der älteren Menschen lebt in Gebäuden der Jahre 1949 bis 1980. Bei einer Vielzahl der Mietwohnungsgebäude aus den 1950er Jahren handelt es sich um drei- bis viergeschossige Zeilenhäuser mit Halbgeschossen und Hochparterre ohne Aufzüge (HEINZE 2013: S.138).

Vor diesem Hintergrund spielen barrierefreie bzw. -arme Wohnraumanpassungen, Umbaumaßnahmen und neue Dienstleistungen eine große Rolle und sind gleichzeitig eine Chance für die Seniorenwirtschaft.

Das Konzept der Barrierefreiheit bedeutet die uneingeschränkte Nutzung aller Gegenstände, Gebrauchsgüter und Objekte durch alle Menschen, unabhängig von körperlichen, geistigen oder visuellen Einschränkungen und weitestgehend ohne fremde Hilfe. Eine barrierefreie Gestaltung stellt keine Rücksichtnahme auf eine bestimmte Personengruppe dar, sondern das bewusste Einbeziehen aller Menschen (MBV NRW 2010: S.13).

Anforderungen an eine barrierefreie Wohnung sind in der Planungsnorm DIN 18040-2 festgelegt. Gerade im Bestand ist es aus bau- und wohnungswirtschaftlichen Gründen jedoch nicht immer möglich, eine Wohnung nach den Forderungen der Norm "Barrierefreie Wohnungen" umzugestalten. Das ist auch deshalb nicht notwendig, weil viele ältere Menschen ohne Mobilitätsbeeinträchtigungen auch mit einem niedrigeren, barrierearmen Standard auskommen. Durch gezielte Wohnungsanpassungsmaßnahmen kann bei geringen Mobilitätsbeeinträchtigungen ein Verbleiben in den Wohnungen gesichert werden. Wohnberatungsstellen bieten dabei Unterstützung an (HYPER JOYNT GMBH 2012).

Der Marketingexperte H.-G. POMPE geht im Bereich des Wohnens von einer zukünftigen Marktspaltung aus. Seiner Einschätzung nach bestehen große Potenziale für preiswerte „Discount-Einrichtungen" im 1-3 Sterne Bereich und Luxus-Premium-Anbieter im 4-5 Sterne Bereich mit Top-Service, Wellness- und Erlebnisangeboten. Neue Wohnformen lösen alte Modelle ab oder werden mit ihnen konkurrieren. Diese umfassen z.B. Mehr-Generationen-Service Wohnen mit 24-Stunden-Rezeption, Rundum-Sorglos-Pakete, Wohnanlagen im Universal Design zum Wohlfühlen aller Generationen, Verbundkonzepte mit Service-Wohnen und ergänzender Pflege, neue Angebote für Demenzkranke abgestuft nach finanziellen Möglichkeiten, Gesundheitszentren mit Hotelservice und alternativen Heilmethoden, Wohnangebote, die sich bestimmte Krankheiten spezialisieren oder sogenannte „Gated Communities" (Pompe 2011: S.66ff).

Der allgemeine Trend geht dahin, das Wohnen in den eigenen vier Wänden neben der ambulanten und stationären Versorgung als dritten Gesundheitsstandort zu etablieren, wobei altersgerechte Assistenzsysteme für ein gesundes und unabhängiges Leben (Ambient Assisted Living - AAL) und Telemedizin an Bedeutung gewinnen werden.

AAL zielt darauf ab, die Selbständigkeit älterer bzw. hilfebedürftiger Menschen zu erhalten bzw. zu fördern und Hilfs- und Unterstützungsmöglichkeiten im häuslichen Bereich bereitzustellen. Dabei wird ein breites Spektrum von Anwendungen aus unterschiedlichen Lebensbereichen abgedeckt (GEORGIEFF 2008: S.6). Als Schlüsseltechnologie fungiert die Informations- und Kommunikationstechnik (IKT).

Der Begriff AAL „umfasst eine heterogene Gruppe von Produkten und Dienstleistungen, wobei sich der Bogen von einfachen Seh-, Hör- und Mobilitätshilfen (1. Generation) über Systeme, die einen Informationsaustausch ermöglichen (2. Generation), bis hin zu komplexen Systemen einer intelligenten (Wohn-)Umgebung spannt, bei denen vernetzte und miteinander interagierende Systeme eigenständig (re-)agieren (3. Generation)" (FACHINGER et al. 2012: S.5).

Grundsätzlich sind die Zielgruppen für AAL-Anwendungen sehr breit, eine Fokussierung auf bestimmte Altersgruppen erscheint eigentlich unnötig. Dennoch zielen viele aktuelle Projekte auf ältere Menschen ab, was damit zusammenhängt, dass die assistierenden Technologien dazu beitragen können, älteren Menschen trotz alters- oder krankheitsbedingter Einschränkungen den Verbleib in der eigenen Wohnung zu ermöglichen (HEINZE/ NAEGELE 2010: S.118).

Trotz rasanter Entwicklungen in den letzten Jahren gibt es in Deutschland noch keinen etablierten Markt für AAL-Produkte und -Dienstleistungen. Es existiert eine Reihe von Einzelanwendungen aber es fehlen tragfähige Geschäftsmodelle, vor allem im Bereich der Kooperation von IKT-Entwicklern/innen, Dienstleistern, Herstellern medizinischer Geräte und der Wohnungswirtschaft (GEORGIEFF 2008: S.6).

Das Handwerk, als ein Anbieter von AAL, ist für den demografischen Wandel unterschiedlich aufgestellt. Nach einer Befragung des RKW KOMPETENZZENTRUMS, an der mit 40 Handwerkskammern fast 75 Prozent aller Handwerkskammern teilgenommen haben, gaben 39 Kammern an, ihre Mitglieder auf den demografischen Wandel vorzubereiten. Von diesen bieten 24 Kammern im Teilbereich „Seniorenmarkt" Maßnahmen für Handwerksunternehmen an. Dabei bezieht sich der überwiegende Teil der Aktivitäten mit 78 Prozent auf den Bereich barrierefreies Wohnen und Bauen sowie zu je 25 Prozent auf die Bereiche Gesundheit/Wellness und haushaltsnahe Dienstleistungen.

Dementsprechend liegen bei den Gewerkegruppen bei der Verteilung von Maßnahmen die Bau- und Ausbaugewerke mit 92,5 Prozent vorne. Es folgen die Elektro- und Metallgewerke (90,5 Prozent), die Holzgewerke (52,4 Prozent), Gesundheit & Körperpflege (28,6 Prozent), die Nahrungsmittelgewerke (23,8 Prozent) sowie Bekleidung, Textil & Leder (4,8 Prozent).

Im Fokus der Maßnahmen stehen dabei Marketing, Dienstleistungsentwicklung und Kundenbetreuung.

Trotz dieser vielfältigen Handlungsansätze schätzen die meisten Kammern den Informationsstand der Unternehmer/Innen zu den wirtschaftlichen Chancen des Zukunftsmarkts 50+ als eher schlecht ein. Zwar vertreten 28 Prozent der Kammern die Einschätzung, dass überdurchschnittlich viele (15 Prozent) bzw. den meisten (13 Prozent) Unternehmen die Chancen bekannt sind. Andererseits waren 72 Prozent aller Kammern der Auffassung, dass die Thematik den wenigsten (15 Prozent) bzw. unterdurchschnittlich vielen (57 Prozent) bekannt sein dürfte (BMWi 2009: S.10ff).

U.a. vor diesem Hintergrund ist für das Handwerk im Rahmen der Initiative Wirtschaftsfaktor Alter das bundesweite Markenzeichenzeichen „Generationenfreundlicher Betrieb – Komfort + Service" entwickelt worden, welches vom Zentralverband des Deutschen Handwerks getragen wird. Um das Markenzeichen zu erhalten, muss jeder Handwerksbetrieb Know-how in vier Bereichen vorweisen. Dieses kann entweder über eine mindestens 16-stündige Schulung oder entsprechende Nachweise geschehen.

Die vier Bereiche umfassen: (1) Einführung & Grundlagen, (2) Marketing & Kommunikation, (3) Normen & Rahmenbedingungen und (4) Finanzierung (ZDH 2013).

Mit diesem Markenzeichen sollen Handwerksunternehmen für den Markt 50+ sensibilisiert werden. Vor diesem Hintergrund wurden die Voraussetzungen im Vergleich zu anderen regionalen Qualitätssiegeln bewusst niedriger gewählt.

6.5.3 Einzelhandel

Bis vor wenigen Jahren waren ältere Verbraucher/innen für den Einzelhandel kein Thema, sie galten als wenig konsuminteressiert und wenig ausgabefreudig mit festgefahrenem Kaufverhalten. Dieses Bild hat sich in den letzten Jahren jedoch deutlich geändert.

Ältere Menschen kaufen tendenziell gerne wohnortnah ein, beliebt sind auch innerstädtische Fußgängerzonen und kleine Handelsgeschäfte. Große Einkaufszentren oder Zentren auf der „Grünen Wiese" werden weniger frequentiert.

Probleme aus Sicht älterer Kunden/innen stellen zu wenige Mitarbeiter/innen, eine schlechte Beratung, fehlende Kundentoiletten und Sitzmöglichkeiten, schlecht lesbare Etiketten, unrealistische Werbung und eine schlechte Erreichbarkeit dar (EITNER 2011: S.124f).

Beispiele guter Praxis umfassen z.B.:

- „Auf dem Land": mobile Dorfläden, rollende Lebensmittelmärkte in der Eifel (*www.heiko.info*), „Markttreff" in Schleswig-Holstein (Verbindung verschiedener Dienstleistungen mit sozialen Komponenten)
- Spezielle Seniorenläden (z.B. Versandhandel Seniorenland oder Seniorenfachgeschäfte wie Senio)
- Supermarkt der Generationen (EDEKA Handelsgesellschaft Nordbayern, Sachsen & Thüringen)
- Galeria Kaufhof: barrierefreie „Galeria für Generationen" nach dem Prinzip des Universal Design (EITNER 2011: S.128ff)

Noch bis vor kurzem wurde konstatiert, dass bezogen auf den demografischen Wandel bislang auf der Handelsebene nur erste Anpassungen stattgefunden haben und nur einzelne „Insellösungen" initiiert worden sind (EITNER 2011: S.131). Mit der Implementierung des Qualitätszeichens „Generationenfreundliches Einkaufen" scheint sich dies - zumindest in manchen Branchen - deutlich geändert zu haben. Insgesamt sind bis Ende Juli bundesweit in gut drei Jahren deutlich mehr als 7.500 Qualitätszeichen vergebenen worden. Branchenschwerpunkte sind Lebensmittel und Mode/Textilien (HDE 2013).

Exkurs: Das Qualitätszeichen „Generationenfreundliches Einkaufen"

Ebenfalls im Rahmen der Initiative Wirtschaftsfaktor Alter ist vom Handelsverband Deutschland (HDE) das Qualitätszeichen „Generationenfreundliches Einkaufen" entwickelt worden.

Die Landesinitiative Niedersachsen Generationengerechter Alltag (LINGA) hat auf Grundlage der Idee des „seniorenfreundlichen Service" des Seniorenrings in Wolfsburg gemeinsam mit dem Niedersächsischen Sozialministerium, dem Einzelhandelsverband Niedersachsen und dem Landesseniorenbeirat das Qualitätszeichen „Generationenfreundliches Einkaufen" weiterentwickelt. In Niedersachsen können sich seit November 2009 Einzelhändler/innen um das Zertifikat bewerben.

Die Kriterien und Verfahren wurden maßgeblich in einem Beirat erarbeitet, in dem Vertreter/innen von Bundes- und Landesministerien, Verbänden und Unternehmen sowie der Initiative ‚Wirtschaftsfaktor Alter' mitgewirkt haben.

Mit dem Projekt in Niedersachsen wurden erste Erfahrungen gesammelt. Schon zu diesem Zeitpunkt wurde es vom Hauptverband des Deutschen Einzelhandels (HDE) als Träger der Initiative „Qualitätszeichen generationenfreundliches Einkaufen" zusammen mit der Initiative „Wirtschaftsfaktor Alter" unterstützt.

Die niedersächsischen Erfahrungen und Ergebnisse wurden in die bundesweite Initiative überführt. Seit Frühjahr 2010 können sich Einzelhändler in ganz Deutschland mit dem Qualitätszeichen auszeichnen lassen. Anhand von eigens für dieses Verfahren entwickelten Kriterien prüfen geschulte Tester/innen die Kategorien: Erreichbarkeit des Geschäfts, Mitarbeiter / Servicequalität, Eingang zum Geschäft, Ladengestaltung, Sortimentsgestaltung, Service und Kasse.

Die Kosten sind gestaffelt nach Größe und liegen zwischen 200 € (200 qm) und 1.200 € (25.000 qm).

Das öffentlich zugängliche Prüferhandbuch leistet eine gute Orientierungshilfe für Kriterien der Generationenfreundlichkeit und wird kontinuierlich angepasst.

Nach Einschätzung des HDE hat das Qualitätszeichen sehr dazu beigetragen, dass sich Handelsunternehmen vertieft mit den Folgen des demografischen Wandels und vor allem ihren Handlungsmöglichkeiten konstruktiv und zukunftsorientiert auseinandersetzen. Des Weiteren trägt das Qualitätszeichen auch zur Profilierung des stationären Einzelhandels im intensiver werdenden Wettbewerb mit dem Online-Handel bei. Die große Resonanz auf das Qualitätszeichen hat den HDE ermutigt, das Zertifikat inhaltlich weiterzuentwickeln, bisherige Erfahrungen aufzugreifen und den Kriterienkatalog zu ergänzen und zu präzisieren.

Das Qualitätszeichen hat für Verbraucher/innen und insbesondere ältere Menschen eine Reihe von Vorteilen. Sie erkennen am Logo, welches im Eingangsbereich des Geschäftes präsentiert wird, dass sich dieser Händler bzw. diese Händlerin mit den Auswirkungen der demografisch bedingten Zusammensetzung der Bevölkerung auseinandergesetzt hat und generationenfreundlich ist. Generationenfreundlich heißt in diesem Zusammenhang, dass der Kunde bzw. die Kundin sich darauf verlassen kann, dass:

- er bzw. sie dort sicher und bequem einkaufen kann,
- der Zugang zum Geschäft barrierearm ist,
- das Geschäft gut ausgeleuchtet ist,
- mögliche Gefahrenstellen ausreichend markiert sind,
- er bzw. sie rutschfeste Böden vorfindet,
- die Gänge breit und nicht verstellt sind,
- die Preise und alle Auszeichnungen gut lesbar sind,
- Beratung und Ausschilderung von hinreichender Qualität sind und
- er bzw. sie dort eine Sitzgelegenheit zum Ausruhen vorfindet.

Diese Vorteile kommen letztendlich allen Generationen und Lebenslagen entgegen – egal ob älteren Menschen, jungen Eltern mit Kinderwagen oder behinderten Menschen im Rollstuhl. Senioren/innen können sich ehrenamtlich bei der Testung der Geschäfte einbringen (HDE 2013; HDE 2012).

6.6 Kleine und mittlere Betriebe im demografischen Wandel: Herausforderungen, Chancen und Lösungsansätze

Was sind nun zusammenfassend die Herausforderungen, Chancen und Lösungsansätze von kleinen und mittleren Betrieben im demografischen Wandel? Einiges ist in den vorangegangenen Kapiteln schon implizit angesprochen worden.

(1)   Den Seniorenmarkt für sich entdecken

Für viele Betriebe geht es zunächst darum, den Seniorenmarkt überhaupt für sich zu entdecken. Eine Hilfestellung dafür leistet hoffentlich auch der vorliegende Artikel.

(2)   Den eigenen Standort bestimmen

Dann gilt es den eigenen Standort zu bestimmen. Ein Praxisleitfaden des BMFSFJ weist darauf hin, dass Unternehmen, die sich erfolgreich bei älteren Verbraucher/innen positionieren wollen, ihr Geschäftsmodell umfassend auf den Prüfstand stellen sollten: von den angebotenen Produkten und Dienstleistungen über die Art der Kundenansprache bis hin zur Gestaltung des Ladengeschäfts und weiterer Vertriebskanäle. Dabei erlauben die vorhandenen Mittel und Rahmenbedingungen nicht immer eine umfassende Umgestaltung bzw. Optimierung. Doch auch schon kleinere Veränderungen sind nicht zu unterschätzen und können eine erhebliche Verbesserung für ältere Verbraucher/innen bedeuten. Der Praxisleitfaden bietet für interessierte Unternehmen einen „Chancen-/Risiken-Check", um eine schnelle Einschätzung der zukünftigen Chancen und Risiken im Markt 50plus zu ermöglichen. Ein „Check zur Standortbestimmung" hilft den eigenen Entwicklungsstand zu bewerten und offene Handlungsfelder zu identifizieren (BMFSFJ & BMWi 2010: S.20ff).

(3)   Analyse der eigenen Kundenstruktur durchführen

Ein weiterer Schritt ist die Analyse der eigenen Kundenstruktur, denn die genaue Kenntnis der eigenen Kundenstruktur bildet die unverzichtbare Basis für die Definition des weiteren Handlungsbedarfs und die Bewertung möglicher Handlungsoptionen. Ein geringer Anteil älterer Kunden/innen am Kundenstamm kann z.B. einen Anlass bieten, einen besonderen Fokus auf zielgruppenspezifisches Marketing und eine Überprüfung der Vertriebswege zu legen, um den Anteil an dieser Kundengruppe auszubauen. Ein besonders hoher Anteil Älterer am Kundenstamm kann die Entscheidung unterstützen, umfangreichere Maßnahmen für diese Kundengruppe zu ergreifen.

Fragen sind z.B.: Wie hoch ist der Anteil der Kundinnen und Kunden über 50 Jahre am Kundenstamm? Was kaufen die Kundinnen und Kunden über 50 Jahre, welchen Anteil stellen sie am Umsatz und welchen durchschnittlichen Pro-Kopf-Umsatz bringen sie? (BMFSFJ & BMWi 2010: S.24ff)

(4)   Sich mit den Anforderungen beschäftigen, die Produkte und Dienstleistungen für ältere Verbraucher/innen erfüllen müssen

Um das eigene Produkt- und/oder Dienstleistungsangebot bewerten zu können, ist es wichtig, zu verstehen, warum ältere Menschen tatsächlich andere beziehungsweise höhere Anforderungen an Produkte und Dienstleistungen haben, und anhand welcher Kriterien, z.B. der Nutzerfreundlichkeit, sich die Erfüllung dieser Ansprüche messen lässt (BMFSFJ & BMWi 2010: S.26ff). Einige Aspekte sind in diesem Artikel bereits angesprochen worden. Weitere sind dem Praxisleitfaden zu entnehmen.

(5) Sich mit den Erwartungen beschäftigen, die ältere Menschen an Dienstleistungen haben

Ältere Verbraucher/innen stellen über alle Konsumententypen hinweg hohe Ansprüche an Service und Beratung und legen dabei Wert auf Qualität. Eine gute Dienstleistung zeichnet sich durch fünf Eigenschaften aus. Sie:

- berücksichtigt in ihrer Ausgestaltung gezielt die Bedürfnisse der adressierten Kundengruppe
- bietet ausreichend Personal, das sich Zeit für die Kunden/innen nimmt
- beinhaltet eine ausführliche, seriöse Beratung und erfüllt den Wunsch der Kunden/innen nach Information
- wird durch geschulte Mitarbeiter/innen erbracht, die sensibel auf die Bedürfnisse älterer Kunden/innen
- übertrifft die selbstverständlichen Qualitätsanforderungen (BMFSFJ & BMWi 2010: S.31ff).

(6) Produkte und Dienstleistungen generationenfreundlich anpassen oder weiterentwickeln

Schließlich können vorhandene oder neue Produkte und Dienstleistungen generationenfreundlich angepasst werden (z.B. durch Nutzereinbindung, Anpassung von Handelsflächen, Beachtung des Prinzips des Universal Design bzw. des Design for All, Einbindung von Designern/innen bei der Produktentwicklung, Verbesserung des Service und der Kundenbetreuung).

Insbesondere für größere Unternehmen kann es ratsam sein, Forschungs- und Entwicklungskooperationen aufzubauen oder Anbieternetzwerke zu gründen (z.B. im Tourismus). Ggf. kann auch eine Zertifizierung durch Gütezeichen und Qualitätszeichen in Frage kommen.

(7) Die Ansprachestrategie anpassen

Zunächst sollte ein Unternehmen fünf grundsätzliche Fragen klären:

- Was zeichnet das eigene Angebot als das „Besondere" gegenüber den Angeboten der Konkurrenz aus? – Welche Eigenschaften des Angebots sollen die Umworbenen unbedingt wahrnehmen?
- Welche konkreten Ziele sollen mit der Werbeaktion erreicht werden?
- Welchen Wert vermittelt mein Angebot? – Welche Konsumenten/innen repräsentieren die vermittelten Werte?

- Wo informiert sich meine Zielgruppe? Über welche Kanäle erreiche ich meine älteren Kunden/innen?
- Wie müssen die Werbematerialien aussehen und gestaltet sein, wenn sie ältere Verbraucher/innen ansprechen sollen? (BMFSFJ & BMWi 2010: S.33ff)

Bei einem zielgruppenspezifisches Marketing sind nach Erfahrung der Autorin folgende Dinge zu beachten: keine direkte Thematisierung des Alters, keine Stigmatisierung, realistische Altersbilder und Glaubwürdigkeit beachten, Interaktion mit anderen Generationen, nutzenorientiertes und informatives Marketing (auch Betonung von Komfort- und Erlebniswert als Mehrwert), Testimonials und persönliche Referenzen begeisterter Kunden/innen, Aufbau einer persönlichen Beziehung zum Kunden / zur Kundin, persönliche Wertschätzung, Klarheit im Layout und in der Darstellung und Vermeidung von Anglizismen.

(8) Sich weiter informieren

Neben dem erwähnten Praxisleitfaden bietet eine Reihe von Publikationen praxisorientierte Hilfestellung an. Diese Publikationen sind dem nachfolgenden Literaturverzeichnis zu entnehmen (kursiv hervorgehoben).

Literatur- und Quellenverzeichnis

Barkholdt, Corinna; Frerichs, Frerich; Hilbert, Josef; Naegele, Gerhard & Scharfenorth, Karin: Memorandum „Wirtschaftskraft Alter", Dortmund / Gelsenkirchen, 1999
Bundesministerium für Familie, Senioren, Frauen und Jugend (BMFSFJ) & Bundesministerium für Wirtschaft und Technologie (BMWi) (Hrsg.): Wirtschaftsmotor Alter, Endbericht, Berlin, 2007
Bundesministerium für Familie, Senioren, Frauen und Jugend (BMFSFJ) & Bundesministerium für Wirtschaft und Technologie (BMWi) (Hrsg.): Potenziale nutzen: die Kundengruppe 50plus, Berlin, 2010
Bundesministerium für Familie, Senioren, Frauen und Jugend (BMFSFJ) (Hrsg.): URL: www.wirtschaftsfaktor-alter.de, 2013
Bundesministerium für Wirtschaft und Technologie (BMWi) (Hrsg): Zukunftsmarkt 50plus, Handwerk für die Chancen des demografischen Wandels gewinnen, Berlin, 2009
Bundeszentrale für politische Bildung (bpb): Schriftenreihe Band 1348 Generali Altersstudie 2013 – Wie ältere Menschen leben, denken und sich engagieren, Bonn, 2013
Conrad, Harald / Gerling, Vera: Haushaltsbezogene Dienstleistungen in Japan: Neue Geschäftsfelder im Silver Market. Unveröffentlichte Expertise im Auftrag des BMFSFJ, Dortmund / Tokyo, 2005
Deutsches Institut für Wirtschaftsforschung (DIW): Auswirkungen des demografischen Wandels auf die private Nachfrage nach Gütern und Dienstleistungen bis 2050, Berlin, 2007
Deutscher Städte- und Gemeindebund in Kooperation mit dem RKW Kompetenzzentrum: Wirtschaftsfaktor Alter und Tourismus, Eschborn, 2011
Enste, Peter / Hilbert, Josef: Silver shades of grey: Das Memorandum „Wirtschaftskraft Alter" und seine Spuren in Politik und Wirtschaft, in: Bäcker, Gerhard & Heinze, Rolf G. (Hrsg.): Soziale Gerontologie in gesellschaftlicher Verantwortung, Wiesbaden, 2013
Eitner, Carolin: Einzelhandel, in: Heinze, Rolf, Naegele, Gerhard & Schneiders, Kathrin: Wirtschaftliche Potenziale des Alters, Stuttgart, 2011
Fachinger, Uwe; Koch, Hellen; Henke, Klaus-Dirk; Troppens, Sabine; Braeseke, Grit; Merda, Meiko: Ökonomische Potenziale altersgerechter Assistenzsysteme. Ergebnisse der „Studie zu Ökonomischen Potenzialen und neuartigen Geschäftsmodellen im Bereich Altersgerechte Assistenzsysteme", Vechta, 2012
Forschungsgesellschaft für Gerontologie (Hrsg.): Wirtschaftskraft Alter: Verständlich für jung und alt, 2007
Gerling, Vera / Conrad, Harald: Wirtschaftskraft Alter in Japan: Handlungsfelder und Strategien. Unveröffentlichte Expertise im Auftrag des BMFSFJ, Dortmund / Tokyo, 2002
Georgieff, Peter: Ambient Assisted Living. Marktpotenziale IT-unterstützter Pflege für ein selbstbestimmtes Altern, Mannheim, 2008
Handelsverband Deutschland (HDE): Experteninterview mit Wilfried Malcher am 24.07.13, 2013
Handelsverband Deutschland HDE e.V. (Hrsg.): URL: http://www.generationenfreundliches-einkaufen.de, 2013, Abruf: 13.08.2013
Heinze, Rolf G.: Altengerechtes Wohnen: Aktuelle Situation, Rahmenbedingungen und neue Strukturen, in: Informationen zur Raumentwicklung, 2/2013, S. 133-146, 2013

Heinze, Rolf G. / Naegele, Gerhard: Intelligente Technik und "personal health" als Wachstumsfaktoren für die Seniorenwirtschaft, in: Fachinger, Uwe / Henke, Klaus-Dirk (Hrsg.): Der private Haushalt als dritter Gesundheitsstandort. Theoretische und empirische Analysen, Baden-Baden, 2010

Heinze, Rolf G.; Naegele, Gerhard; Schneiders, Kathrin: Wirtschaftliche Potentiale des Alters, Stuttgart, 2011

Hilbert, Josef: Die Landesinitiative Seniorenwirtschaft Nordrhein-Westfalen, Vortrag im Rahmen der Fachtagung zur Dienstleistungsoffensive der Wohlfahrtsverbände für Senioren in Nordrhein-Westfalen am 02.03.2005, Gelsenkirchen, 2005

HyperJoynt GmbH (Hrsg.) (2012) URL: http://nullbarriere.de/wohnungsanpassungmassnahmen.htm, 2013, Abruf: 30.05.2013

Kohlbacher, Florian: Japan – der Pionier, in: Heinze, Rolf; Naegele, Gerhard; Schneiders, Kathrin: Wirtschaftliche Potentiale des Alters, Stuttgart, 2011

Ministerium für Generationen, Familie, Frauen und Integration des Landes Nordrhein-Westfalen (MGFFI NRW) (Hrsg.): Empfehlungsbroschüre „Seniorenmarketing" unter besonderer Berücksichtigung einer seniorengerechten Kommunikation und Produktverpackung, Düsseldorf, 2006

Ministerium für Bauen und Verkehr des Landes Nordrhein-Westfalen (MBV NRW) (Hrsg.): Wohnen ohne Barrieren – Komfort für alle. Beispielhafte Lösungen für Neubau und Bestand, Düsseldorf, 2010

Naegele, Gerhard: Der ältere Verbraucher – „(k)ein unbekanntes Wesen!", in: Honer, Anne; Meuser, Michael; Pfadenhauer, Michaela (Hrsg.): Fragile Flexibilität – Inszenierungen, Sinnwelten und Existenzbastler, Wiesbaden, 2010

Petermann, Thomas; Revermann, Christoph; Scherz, Constanze: Zukunftstrends im Tourismus, TAB-Arbeitsbericht Nr. 101, Berlin, 2006

Pompe, Hans Georg: Marktmacht 50plus. Wie Sie Best Ager als Kunden gewinnen und begeistern, Wiesbaden, 2011

RKW Kompetenzzentrum (Hrsg.): Tourismus 50plus: Anforderungen erkennen – Wünsche erfüllen, 2010

RKW Kompetenzzentrum (Hrsg.): Körperliche Veränderungen verstehen – Angebote anpassen, 2011

RKW Kompetenzzentrum (Hrsg.): Zukunftsmarkt 50plus: Chancen und Herausforderungen für das Verarbeitende Gewerbe, 2011

Roland Berger Strategy Consultants / Bundesministerium für Familie, Senioren, Frauen und Jugend (BMFSFJ) (Hrsg.): Wirtschaftsmotor Alter, Endbericht, URL: http://www.bmfsfj.de/RedaktionBMFSFJ/Abteilung3/Pdf-Anlagen/endbericht-studiewirtschaftsmotor-alter,property=pdf,bereich=bmfsfj,sprache=de,rwb=true.pdf, Berlin, 2007

Tourismus NRW (Hrsg.): Masterplan Tourismus Nordrhein-Westfalen, Düsseldorf, 2010

Wirtschaftskammer Österreich (Hrsg.): Best Ager – der Silberne Markt. Trends und Handlungsunternehmen für Ihr Unternehmen, Wien, 2008

Zentralverband der Deutschen Wirtschaft (ZDH): Markenzeichen „Generationenfreundlicher Betrieb Service + Komfort" Factsheet, Berlin, 2013

Anpassungsstrategien des Baugewerbes an den demografischen Wandel in Sachsen-Anhalt

Florian Ringel

Abstract

Der Beitrag zeigt Potenziale der sogenannten Seniorenwirtschaft für kleine und mittlere Unternehmen auf, die sich auf Ältere als Kundengruppe einstellen. Anhand von Daten aus Befragungen von Unternehmen und Bewohnern des Bundeslandes Sachsen-Anhalt, verknüpft mit Best-Practice-Beispielen aus der Region, wird dargestellt, dass Senioren für Firmen ökonomisch interessant sein können. Besonders das Handwerk und die Wohnungswirtschaft haben schon jetzt einen hohen Anteil an über 65-jährigen als Kunden und sollten beispielsweise über ein spezielles Seniorenmarketing die Älteren ansprechen. Gerade im Baugewerbe ergeben sich also Möglichkeiten, etwa durch barrierefreie Umbauten und die Ambient-Assisted-Living Technologien, durch die sowohl Anbieter als auch Nachfrager deutlich voneinander profitieren können.

7.1 Einleitung: Seniorenwirtschaft & demografischer Wandel in Sachsen-Anhalt

Die Auswirkungen des demografischen Wandels auf die Wirtschaft der Region sind vielfältig. Neben vielen Problemen, die Änderungen in der Bevölkerungsentwicklung verursacht haben und weiter auf das Bundesland zukommen, gibt es jedoch auch Chancen für Unternehmen Sachsen-Anhalts von der Nachfrage nach Produkten und Dienstleistungen für Ältere zu profitieren. Viele Potenziale ergeben sich dabei im Baugewerbe. Die Branche ist ohnehin ein bedeutender Wirtschaftszweig Sachsen-Anhalts und macht circa sechs Prozent der Bruttowertschöpfung des Bundeslandes aus. Im Zuge der Seniorenwirtschaft sind vor allem Handwerke wie das Ausbaugewerbe und Bauinstallation relevant, aber auch das Bauhauptgewerbe in Form der Wohnungswirtschaft spielt ebenfalls eine bedeutende Rolle, weil ein Großteil der Mieter gleichzeitig ältere Kunden des Unternehmen sind. In diesem Rahmen wird unter Seniorenwirtschaft eine Folge des demografischen Wandels verstanden, der wirtschaftliche Aspekte generiert und Synergieeffekte zwischen Wirtschaftsbranchen erzeugt. In der Fachliteratur ist die folgende Definition von BALDERHAAR, BUSCHE, LEMKE & REHYN verbreitet:

„Zentrales Anliegen der Seniorenwirtschaft ist es, die Lebenssituation älterer BürgerInnen nachhaltig zu verbessern, den Stellenwert der SeniorInnen ab 70 Jahren als souveräne und qualitativ wie quantitativ bedeutsame gesellschaftliche Gruppe der Volkswirtschaft darzustellen und zu verbreiten sowie Unternehmen und andere Einrichtungen zu einer Ausweitung ihres Produkt- und Dienstleistungsangebotes für ältere Menschen anzuregen"

(BALDERHAAR, H.; BUSCHE, J.; LEMKE, M.; REHYN, R., 2006, S.55).

Wichtig bei dem Konzept ist, dass Unternehmen Ältere als Kundengruppe im Blick haben und diese in ihre ökonomischen Überlegungen integrieren, damit demografiekompatible Produkte bzw. Dienstleistungen entstehen können. Für Senioren geeigneter Wohnraum ist in Sachsen-Anhalt ein entscheidender Faktor der Zukunft, sowohl auf der angebotsorientierten Seite als auch für die Nachfrager. Jüngst verkündete der Minister für Landesentwicklung und Verkehr des Landes Sachsen-Anhalt, Thomas WEBEL: „Barrierearmut ist nicht alleine ein Thema für altengerechtes Wohnen, sondern sollte bereits beim Hausbau für die Familie mit Kindern Beachtung finden" (MITTELDEUTSCHES DRUCK- UND VERLAGSHAUS GMBH & CO. KG, 2013). Ein Beispiel wie sich eine Baufirma aus Sachsen-Anhalt auf diese Bedürfnisse ihrer Kunden einstellt, ist in Kapitel 7.3 dargestellt.

Im Zuge des demografischen Wandels und der relativen Zunahme über 65-jähriger an der Gesamtbevölkerung (laut 5. Regionalisierter Bevölkerungsvorausberechnung des Statistischen Landesamtes Sachsen-Anhalt steigt die Zahl vom Basisjahr 2008 von 23,7 Prozent um 7,5 Prozentpunkte auf 31,2 Prozent im Jahr 2025) nimmt die ältere Kundschaft eine Schlüsselrolle als Kunden von Unternehmen ein. Dieser Fakt wird zum Beispiel auch deutlich, wenn man den Altersquotienten des Landes betrachtet. Dieser gibt an, wie viele über 65-jährige im Verhältnis zu Personen im erwerbsfähigen Alter in einer Region leben. Dabei lag der Altersquotient im Jahr 1990 noch bei 22,96 und stieg bis zum Jahr 2010 auf einen Wert von 39,23 (MAX-PLANCK-GESELLSCHAFT ZUR FÖRDERUNG DER WISSENSCHAFTEN E.V.). Für das Jahr 2055 wird vom Statistischen Bundesamt sogar ein Wert von 81 prognostiziert, während dieser für die gesamte Bundesrepublik dann bei 67 liegen wird (STATISTISCHES BUNDESAMT, 2010). Weiterhin ist das Durchschnittsalter der im Land lebenden Bürger deutlich gestiegen: War im Jahr 1995 die Bevölkerung Sachsen-Anhalts im Durchschnitt 39,90 Jahre alt, betrug der Wert im Jahr 2010 schon 46,05 Jahre (MAX-PLANCK-GESELLSCHAFT ZUR FÖRDERUNG DER WISSENSCHAFTEN E.V.). Entscheidende Rollen für den demografischen Wandel in Sachsen-Anhalt spiel(t)en zudem sowohl die Migrationsbewegungen als auch die Entwicklung der natürlichen Bevölkerungsbewegung.

In der Fachliteratur zum Thema wird den Älteren eine überdurchschnittliche hohe Kaufkraft attestiert. Hier sind bisher jedoch vor allem West-Ost Disparitäten unzureichend betrachtet. Für über 65-jährige aus Sachsen-Anhalt wurden beispielsweise folgende Haushaltsnettoeinkommen erhoben (zur Methodik vergleiche Kapitel 7.2): 29,4 Prozent der Befragten standen im Monat zwischen 500 und 1.000 Euro zur Verfügung, weitere 29,2 Prozent konnten zwischen 1.000 und 1.500 Euro ausgeben. Immerhin 8,3 Prozent hatten ein monatliches Einkommen in Höhe von 2.000 Euro und mehr, aber auch knapp fünf Prozent mussten mit weniger als 500 Euro auskommen. Dabei ist das Thema „Wohnen" bei den Ausgaben der Senioren zentral: für die Warmmiete wurde bei den 65 bis 74-jährigen durchschnittlich 403,03 Euro ausgegeben, bei den über 75-jährigen 375,32 Euro. Das entspricht jeweils 30,5 Prozent beziehungsweise 37,9 Prozent aller privaten Konsumausgaben für die Miete. Diese Werte werden auch in der Fachliteratur verifiziert: „Die Wohnkosten [...] machen ca. ein Drittel ihrer gesamten Ausgaben aus, bei den Hochaltrigen sogar mehr als 40 Prozent" (HEINZE, NAEGELE, & SCHNEIDERS, 2011, S.165). Da Senioren den größten Teil ihrer Zeit zu Hause verbringen (ebenda), geben sie viel Geld für Einrichtungs- und Haushaltsgegenstände aus: In der Altersgruppe 65 bis 74 Jahre im Durchschnitt 123,20 Euro (9,3 Prozent des Einkommens) und bei den Senioren im Alter von über 75 Jahren 54,77 Euro (5,5 Prozent). Insgesamt kann daher dem Thema Wohnen und damit auch dem Baugewerbe eine hohe Bedeutung innerhalb der Seniorenwirtschaft zugeschrieben werden. Diese Erkenntnisse werden auch durch andere Ergebnisse der Fachliteratur bestätigt, so gibt es Aussagen über die Mietkosten im Alter: „Begründet werden die hohen Ausgaben für diesen Konsumblock mit gleich bleibendem Mietkostenniveau bei sinkendem Einkommen und einer geringen Anpassung der Wohnsituation an die persönlichen, sich verändernden Lebensverhältnisse, wie zum Beispiel der Auszug der Kinder aus dem Haus oder der Tod des Partners" (EITNER, 2008, S.157). In der durchgeführten Passantenbefragung gaben 68,5 Prozent an, in einer Mietwohnung zu leben. Und eine Bürgerumfrage der Stadt Halle (Saale) bestätigt den Wunsch der meisten Senioren des Landes in den eigenen vier Wänden alt werden zu wollen (HARM, JAECK, NAß & SACKMANN, 2010, S.39). Hier sind Verknüpfungen zu ambulanten Pflegedienstleistungen möglich und nötig, die Firmen des Baugewerbes und mögliche Partner bedenken müssen.

7.2 Methodik

Zur den jeweiligen Primärdatenerhebungen wurden zwei teilstandardisierte und strukturierte Fragebögen entwickelt und getestet. Es erfolgten daraufhin zwei Erhebungen, um die nachfrageorientierte Entwicklung des demografischen

Wandels in Sachsen-Anhalt nachzuvollziehen: Zwischen April 2011 und Januar 2012 wurden in einer nach Betriebsgrößenklasse und Wirtschaftszweigabschnitt repräsentativen Befragung zehn Prozent der aktiven Betriebe Sachsen-Anhalts mit weniger als 250 Mitarbeitern befragt. Die Computer-Assisted-Telephone-Interviews hatten eine Rücklaufquote von insgesamt 23,3 Prozent und aus dieser Unternehmensbefragung liegen zur Auswertung 1.081 Fälle vor. Die Grundgesamtheit der Stichprobe für das Baugewerbe beläuft sich auf 38 Betriebe, die angegeben haben, dass ihr Produkt beziehungsweise ihre Dienstleistung von Privatkunden oder Geschäftskunden mit einem Altersbezug konsumiert werden und Senioren als Kundengruppe daher entweder direkt oder indirekt für ihr jeweiliges Unternehmen bedeutend sind. Weiterhin gaben diese Betriebe an, dass ihr Produkt beziehungsweise ihre Dienstleistung eine der Kategorien „eher nicht relevant", „eher relevant" oder „sehr relevant" für Senioren als Kundengruppe erfüllt.

Als zweite große Erhebung wurden im August 2012 zusammen mit zwei Kontrollgruppen über 65-jährige mit Wohnsitz in Sachsen-Anhalt persönlich befragt. Insgesamt liegen 2.219 auswertbare Fälle vor. Erhoben wurde in unterschiedlichen Regionen, ausgewählt nach zentralörtlichen Kriterien im öffentlichen Raum. Das Durchschnittsalter der Befragten betrug 74,36 Jahre, dabei waren 61,5 Prozent der Befragten weiblich und 38,5 Prozent männlich.

Um die quantitativen Ergebnisse mit Best-Practice Beispielen und nicht kodifiziertem Wissen zu ergänzen wurden qualitative Interviews durchgeführt. Insgesamt wurden 42 Gespräche geführt, davon vier mit Experten aus der Branche des Baugewerbes.

Sekundärdaten erhielt der Autor durch die Dessauer Wohnungsbaugesellschaft mbH (DWG): Eine Teilauswertung der Mieterbefragung zum Thema „Seniorenfreundliches Wohnen", die im ersten Quartal 2012 durchgeführt wurde, ist Bestandteil dieser Arbeit. Hier kann auf die Antworten von 214 befragten Haushalten zurückgegriffen werden.

7.3 Empirische Ergebnisse & Best-Practice Beispiele

Das EDUARD PESTEL INSTITUT FÜR SYSTEMFORSCHUNG E.V. hat in der Studie „Wohnen der Altersgruppe 65plus" regionale Daten generiert und konnte eine Prognose geben, wie viele barrierearme Wohnungen kurzfristig durch die demografische Alterung der Bevölkerung und die Zunahme an Pflegebedürftigkeit benötigt werden. Für das gesamte Bundesland Sachsen-Anhalt beläuft sich die Zahl der Wohneinheiten auf insgesamt 84.432, dabei ist die Verteilung des Bedarfs auf Landkreisebene allerdings sehr unterschiedlich, wie Tabelle 7.1 darstellt:

Anpassungsstrategien des Baugewerbes an den demografischen Wandel

Tabelle 7.1: Bedarf an und Investitionsvolumen für barrierearmen Wohnraum in Sachsen-Anhalt in den nächsten Jahren (eigene Darstellung nach Eduard Pestel Institut für Systemforschung e.V.)

Landkreis	Anzahl benötigter Wohnungen	Investitionsvolumen
Harz	9.241	144,2 Mio. €
Burgenlandkreis	7.755	121,0 Mio. €
Salzlandkreis	7.608	118,7 Mio. €
Saalekreis	6.808	106,2 Mio. €
Anhalt-Bitterfeld	6.717	104,8 Mio. €
Mansfeld-Südharz	6.295	98,2 Mio. €
Börde	5.497	85,8 Mio. €
Wittenberg	5.028	78,4 Mio. €
Stendal	4.006	62,5 Mio. €
Jerichower Land	3.391	52,9 Mio. €
Altmarkkreis Salzwedel	2.782	43,4 Mio. €
Sachsen-Anhalt	84.432	1.317,1 Mio. €

Die kreisfreien Städte reihen sich ähnlich zu den Zahlen der Landkreisen ein: Während Dessau-Roßlau in der Prognose 3.078 Wohnungen benötigt und von einem Investitionsvolumen von 48 Millionen Euro ausgegangen wird, liegen diese Werte für Magdeburg mit 7.425 Wohnungen und 115,8 Millionen Euro und Halle (Saale) mit 8.801 Wohnungen und 137,3 Millionen Euro deutlich im oberen Teil der Tabelle. Der errechnete Gesamtinvestitionsbedarf von etwas mehr als 1,3 Milliarden Euro verteilt sich wie die absolute Anzahl an Wohnungen auf die Räume weitgehend differenziert. Während der Landkreis Harz beispielsweise mit Kosten in Höhe von 144,2 Millionen Euro rechnen muss, liegt das Volumen im Altmarkkreis Salzwedel bei 43,4 Millionen Euro. Hier ist wieder ein Potenzial für die regionale Wirtschaft zu erkennen, wenn entsprechende Verträge für die Schaffung dieses barrierearmen Wohnraums mit dem lokalen Baugewerbe abgeschlossen werden. Weiterführende Dienstleistungen und ambulante Versorgungsmöglichkeiten sind wichtige Anknüpfungspunkte, die zusätzliche ökonomische Chancen durch altersgerechtes Wohnen bieten.

Befragte Unternehmen des Landes aus dem Baugewerbe bedienen schon jetzt eine alternde Kundenstruktur, wie in der eigenen Erhebung über die Firmen des Landes festgestellt wurde:

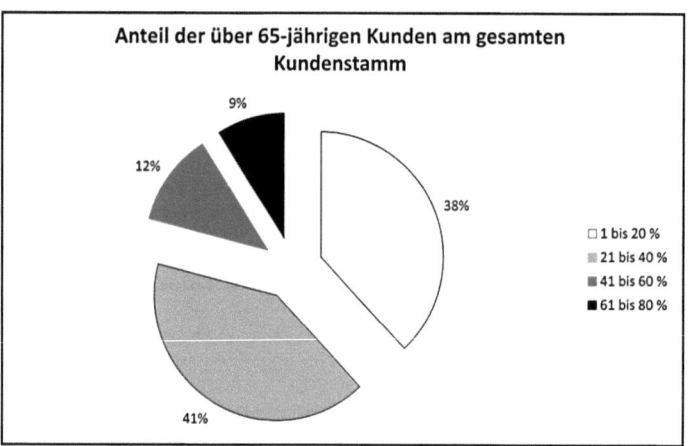

Abb. 7.1: *Anteil der über 65-jährigen Kunden am gesamten Kundenstamm (n = 38) (DEMOWAB 2011/2012)*

Die Abb. 7.1 verdeutlicht, dass schon jetzt viele Kunden der Unternehmen im Baugewerbe ältere Menschen sind. Die hiesigen Geschäftsführer setzen sich also bereits gegenwärtig mit Senioren als Kunden auseinander und in Zukunft wird die relative Anzahl an Älteren weiter merklich steigen. Momentan sind bei 41 Prozent aller befragten Unternehmen zwischen 21 und 40 Prozent aller Kunden mindestens 65 Jahre alt. 21 Prozent haben sogar einen Kundenanteil von 41 bis 80 Prozent durch Senioren. Laut der Unternehmensbefragung haben jedoch 70 Prozent der befragten Unternehmen ihr Produkt beziehungsweise ihre Dienstleistung vor der Markteinführung nicht auf Tauglichkeit für Senioren getestet. An diesen Daten wird deutlich, dass sich Unternehmen in Zukunft noch stärker auf die heterogene ältere Kundengruppe einrichten sollten. Senioren müssen als Konsumenten für ein erfolgreiches Geschäftskonzept bedacht werden. In der Fachliteratur zur Seniorenwirtschaft wird diesem Teil des Baugewerbes ein umfassendes ökonomisches Potenzial durch die demografische Alterung zugewiesen: „Aus wohnungswirtschaftlicher Sicht stellen ältere Haushalte eine der wenigen Zielgruppen dar, die auch in Zukunft quantitativ in Bedeutung gewinnen wird" (HEINZE, NAEGELE, & SCHNEIDERS, 2011, S.164).

Der Zugang zu Dienstleistungen hat sich im Baugewerbe als sehr wichtig herausgestellt. Vor allem haushaltsnahe- und personenbezogene Dienstleistungen bieten ein großes ökonomisches Potenzial, dass über die Wohnungswirtschaft aktiviert werden kann. Um diese Synergien zwischen dem Baugewerbe und der Dienstleistungsbranche zu nutzen, müssen Unternehmen verstärkt zusammenarbeiten. Ein positives Beispiel für solch eine Entwicklung stellen die sogenannten Kooperationsverträge der DWG mit anderen Unternehmen dar. Durch diese Kooperationsverträge vermittelt die Wohnungsbaugesellschaft ihren Mietern bestimmte Dienstleister. Diese schließen mit den Mietern bei einer entsprechenden Einigung eigenständige Verträge ab. Solche Verträge können beispielsweise handwerkliche Dienstleistungen oder ein Lieferservice umfassen. Bei Umbauprojekten werden zum Beispiel Dienstleister als eigenständig wirtschaftende Einheiten in das Erdgeschoss von Wohnblöcken angesiedelt, dies bringt Vorteile sowohl für die Mieter beziehungsweise potenzielle Kunden als auch für den Vermieter und Dienstleister. Andere ähnliche Beispiele von Wohnungsunternehmen aus Sachsen-Anhalt wurden in der Telefonbefragung identifiziert. So bietet beispielsweise die Städtische Wohnungsbau GmbH Schönebeck (SWB) auch Seniorenwohngemeinschaften als mögliche Wohnform im Alter an. Derartige Angebote alternativer Wohnformen gelten als ein Zukunftsmarkt in der Branche (HEINZE, NAEGELE, & SCHNEIDERS, 2011, S.170ff).

In der DWG Umfrage zum seniorenfreundlichen Wohnen wurden die Mieter nach ihrer Zufriedenheit mit der Erreichbarkeit von Dienstleistungsangeboten befragt. Ein knappes Drittel (31,3 Prozent) gaben an, unzufrieden mit der Entfernung zu Dienstleistungen zu sein. Etwas mehr als zwei Drittel, 67,3 Prozent, äußerten hingegen ihre Zufriedenheit mit den Gegebenheiten. Die restlichen 1,4 Prozent machten zu dieser Frage keine Angabe. Die Befragten legten die in Tabelle 7.2 dargestellte Rangfolge an, welche Dienstleistung ihrer Meinung nach am dringlichsten vermittelt werden muss. Auffällig bei den Antworten ist, dass sich für die meisten Dienstleistungen bereits kleine Unternehmen gegründet haben um dieses Angebotsspektrum abzudecken.

Tabelle 7.2: Rangfolge Wunsch nach Vermittlung von Dienstleistungen
(eigene Darstellung nach Dessauer Wohnungsbaugesellschaft mbH)

1)	kleinere handwerkliche Dienstleistungen	6)	Getränkeheimdienst
2)	Umzugshilfen innerhalb des DWG-Bestandes	7)	Besorgungen bei Ämtern/ Behörden
3)	hauswirtschaftliche Dienstleistungen	8)	pflegerische Leistungen
4)	Fahr- und Bringedienste	9)	gemeinsame Freizeitaktivitäten
5)	Essenservice [sic!]	10)	mobiler Friseur/ Kosmetikservice

Insgesamt hat die Wohnungswirtschaft festgestellt, dass eine hohe Fluktuation der Mieter oder sogar Leerstand zu hohen finanziellen Belastungen führen. Wohnungsunternehmen aus Sachsen-Anhalt haben dementsprechend begonnen sich auf ältere Mieter als spezielle Kundengruppe einzustellen, weit über die Vermittlung von Dienstleistungen hinaus. Über 60 Prozent aller Mieter der DWG waren im Jahr 2011 älter als 60 Jahre. Als Konsequenz wurde nach einer Analyse ihrer Kundenstruktur das Servicekonzept „60Plus - Leben nach Maß" entworfen und eingeführt. Eine speziell geschaffene Stelle widmet sich unternehmensintern den Senioren als extra Zielgruppe und berücksichtigt deren Bedürfnisse und Wünsche. Die Notwendigkeit dazu besteht durchaus, denn über die Hälfte der über 60-jährigen Mieter wohnt schon länger als 30 Jahre in derselben Wohnung. Mit der Alterung haben sich die Anforderungen an das Wohnen geändert, die Wohnung selbst jedoch häufig in ihrer baulichen Qualität nicht. Die DWG fördert ein offensives Zugehen auf die Mieter, fragt nach dem individuellen Bedarf, damit langjährige Mieter dem Unternehmen als Kunden erhalten bleiben können: „Wir gehen eben zu den Leuten und fragen 'was ist Ihr Bedarf, was können wir machen, wohnen Sie gerne da, möchten Sie dort wohnen, welche Maßnahmen können wir machen, wie können wir helfen, dass Sie so lange als möglich in Ihrer Wohnung bleiben können'?" (INTERVIEWPARTNER 1). Auch die bereits erwähnte SWB hat eine vergleichbare Stelle geschaffen und zieht ebenfalls eine bisher positive Bilanz: „Nach Aussagen der Geschäftsführerin der SWB lohnt sich die Investition in diese Stelle deshalb, weil dadurch mit vergleichsweise geringem Aufwand den Wünschen der Mieter entsprochen werden kann, was einen positiven Effekt auf ihre Wohndauer bei der SWB hat. Außerdem gewinnt die SWB durch diesen mittlerweile stadtbekannten Service auch neue Mieter hinzu" (NARTEN & SCHERZER, 2007, S.36).

Ein große Schnittmenge zwischen dem Baugewerbe und der Seniorenwirtschaft bildet das Thema der Wohnraumanpassung. Als Beispiel soll der Zugang zu den Wohneinheiten selbst dienen. Denn zum Beispiel 18,2 Prozent der 70 bis 85-jährigen aus den neuen Bundesländern müssen ohne Fahrstuhl mindestens zehn Treppenstufen zur eigenen Wohnung überwinden. Für viele mag das selbst im höheren Alter kein Problem sein, aber für Mieter mit gesundheitlichen Einschränkungen bleibt ohne Umbaumaßnahmen keine Alternative zu einem Umzug.

Wie die Tabelle 7.3 zeigt, ist die Anpassung des Wohnraumes auf die Bedürfnisse von Senioren notwendig und eine Möglichkeit für Unternehmen aus der Region durch Umbaumaßnahmen ökonomisch zu profitieren. Der Bedarf hierfür ist am häufigsten beim Zugang zur Wohnung abzuleiten, denn eine Begründung der Unzufriedenheit mit der Wohnsituation waren in der DWG-

Anpassungsstrategien des Baugewerbes an den demografischen Wandel 135

Befragung zum Beispiel mit der Antwortvorgabe „zu viele Treppen" die zweithäufigste Nennung der Mieter.
Wie so ein Umbau beispielsweise aussehen könnte zeigt Abb. 7.2.

*Tabelle 7.3: Wohnungszugang verschiedener Altersgruppen im Jahr 2008 für die neuen Bundesländer und Berlin-Ost
(Deutsches Zentrum für Altersfragen, 2012)*

Altersgruppen	Die Wohnung ist zu erreichen			
	ohne Treppenstufen	≤ 10 Treppenstufen	> 10 Treppenstufen	bei > 10 Treppenstufen: Fahrstuhl vorhanden
40 – 54 Jahre	26,6 Prozent	40,0 Prozent	33,5 Prozent	95,2 Prozent
55 – 69 Jahre	23,5 Prozent	42,3 Prozent	34,2 Prozent	84,5 Prozent
70 – 85 Jahre	24,0 Prozent	39,3 Prozent	36,8 Prozent	81,8 Prozent

Abb. 7.2: Nachträglich angebrachte Fahrstühle für einen barrierefreien Zugang zu Wohnungen (eigene Aufnahme, 26.01.2014)

Der Direktor des Verbandes der Wohnungsgenossenschaften Sachsen-Anhalt e.v., Roland Meißner, äußerte sich öffentlich folgendermaßen zum Thema der Wohnraumanpassung: „Bis 2020 werden schätzungsweise 60 000 bis 70 000 altersgerechte Wohnungen gebraucht. Wir müssen die Angebotsstruktur der Nachfrage anpassen" (GAUSELMANN, 2012). Erste sichtbare Veränderungen sind in ganz Sachsen-Anhalt zu beobachten, ein Beispiel dafür zeigt wiederrum Abb. 7.2 aus Halle (Saale) Neustadt. Die Gesellschaft für Wohn- und Gewerbeimmobilien Halle-Neustadt mbH treibt vergleichbare Projekte weiter voran und setzt in Zukunft in ihrem Bestand stärker auf solche umgebauten Wohnungen.

Um die Problematik des Treppensteigens zu umgehen, wurden Aufzüge an den vorher typischen Wohnbauserie 70 Block angebracht sowie Änderungen am Zuschnitt der Wohnungen vorgenommen. So sind die Wohneinheiten barrierefrei zu erreichen und selbst bei körperlichen Einschränkungen wird der Zugang zur eigenen Wohnung kein unüberwindbares Hindernis. Weiterhin sind Umbauten des Eingangsbereiches zu beobachten, um beispielsweise Abstellmöglichkeiten für Rollatoren zu schaffen. Laut DWG-Umfrage teilt diesen Wunsch zwar keine breite Mehrheit der Mieter, es gaben jedoch immerhin 32,7 Prozent der Befragten an, sich Abstellmöglichkeiten für Rollatoren oder Rollstühle zu wünschen. 53,7 Prozent widersprachen diesem Wunsch, 13,6 Prozent der Senioren machten keine Angabe. Dem Bedürfnis von einem knappen Drittel der Kunden muss jedoch entsprochen werden, hier zeigt sich auch wieder, dass das Alter selbst weniger eine Rolle bei den Ansprüchen an eine Wohnung spielt als der Gesundheitszustand. Den Mietern, die Abstellmöglichkeiten benötigen, muss dafür eine Möglichkeit gegeben werden. Ein Beispiel für eine Umsetzung ist etwa der Umbau eines ebenerdigen Fahrradkellers, da keiner der Mieter aus dem entsprechenden Haus mehr ein Fahrrad besaß: In Abb. 7.3 ist solch eine Umfunktionierung dargestellt.

In der Befragung von Senioren aus Sachsen-Anhalt hat sich herausgestellt, dass 68,5 Prozent der über 65-jährigen in einer Mietwohnung lebt. Die restlichen 31,5 Prozent verteilen sich hauptsächlich auf Einfamilienhäuser (15,4 Prozent), Eigentumswohnungen (12,7 Prozent) und betreutes Wohnen (2,3 Prozent). Dabei lebten 52,7 Prozent der Befragten in Zweipersonenhaushalten, 37,7 Prozent wohnten alleine. In dieser Passantenbefragung wurden Hilfsmöglichkeiten innerhalb der Wohnung erfragt, die Ergebnisse sind in Tabelle 7.4 dargestellt.

Anpassungsstrategien des Baugewerbes an den demografischen Wandel 137

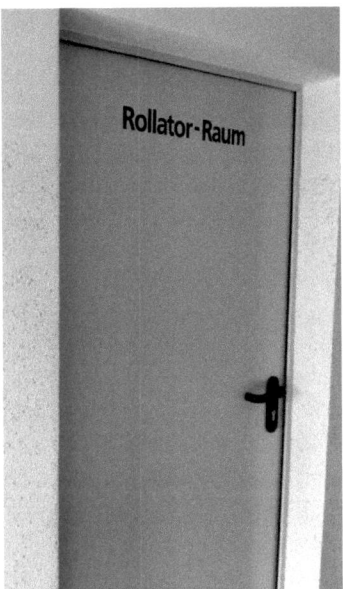

Abb. 7.3: Umfunktionierung eines Fahrradkellers in Halle (Saale) Neustadt (eigene Aufnahme, 11.11.2011)

Tabelle 7.4: Hilfsmöglichkeiten in der Wohnung von Senioren aus Sachsen-Anhalt (DEMOWAB 2011/2012)

	bereits vorhanden	geplant	nicht erforderlich	nicht möglich
barrierefreie Einrichtung	27,8 Prozent	4,9 Prozent	53,7 Prozent	13,6 Prozent
haushaltsnahe Dienstleistungen	32,2 Prozent	3,5 Prozent	58,0 Prozent	6,3 Prozent
Hausnotrufsysteme	12,4 Prozent	4,7 Prozent	73,6 Prozent	9,3 Prozent

Auffällig ist hier, dass mit einem Durchschnittsalter (arithmetisches Mittel) von 74,4 Jahren die befragten Senioren aus Sachsen-Anhalt mit einer großen Mehrheit bei allen drei Maßnahmen angaben, dass sie diese für sich als nicht erforderlich einschätzen. Die Bedeutung von barrierearmem Wohnraum spielt für Teile der heterogenen Gruppe der älteren Mieter eine Rolle. Die von der

DWG befragten Senioren gaben beispielsweise an, dass 65,9 Prozent von ihnen barrierearmes Wohnen als wichtig empfinden, lediglich 22,9 Prozent stuften dies als unwichtig ein. In der eigenen Erhebung gaben 27,8 Prozent an, dass eine barrierefreie Einrichtung bereits in der Wohnung vorhanden ist, immerhin 4,9 Prozent planen Umbauarbeiten. Die hohe Quote bei der Antwortvorgabe „nicht erforderlich" ist zum größten Teil wieder mit dem Gesundheitszustand der Befragten zu erklären, da die im öffentlichen Raum angetroffenen Senioren eher gesund sind als Personen, die nicht von der Stichprobe erfasst wurden.

Die geringste Bedeutung wird Hausnotrufsystemen zugesprochen, auch wenn diese weitere nützliche Funktionen wie automatische Sturzmelder oder Erinnerungen zur Einnahme von Medikamenten kombinieren. Die Umfrage der DWG zeigt, dass jedoch auch hier eine Minderheit definitiv bei Planungen berücksichtigt werden muss und diese in der Masse lukrativ für Unternehmen sein können: 28,5 Prozent der Befragten äußerte den Wunsch nach einem Hausnotrufsystem, aber 53,7 Prozent verneinten dies. Gerade die Technologie der Hausnotrufsysteme kann jedoch ein Einstieg zu weiteren Assistenzsystemen sein. Eines der größten Potenziale im Baugewerbe, zum Beispiel durch die Verknüpfungsmöglichkeiten mit dem Handwerk, ist das Ambient-Assisted-Living (AAL). Dies wird bisher jedoch aus den folgenden drei Gründen nicht ausgeschöpft: Erstens geht eine Mehrheit schlicht davon aus auch im hohen Alter gesund zu bleiben. Zweitens ist ein sehr limitierender Faktor bei der AAL-Technologie, dass die momentanen Produktlösungen noch als sehr teuer einzustufen sind. Drittens muss im Vergleich zu der nächsten noch von einer eher geringeren Technologieaffinität der momentanen Seniorengeneration ausgegangen werden. Ein klassisches Beispiel für AAL ist etwa die Kommunikation mit Angehörigen zum Beispiel über einen Bilderrahmen, der ein Foto eines Verwandten zeigt und bei Berührung eine Skype-Videochatverbindung über das Internet aufbaut. Hier wird eine Technologie unauffällig in den Alltag integriert und unterstützend tätig, die einen Mehrwert beim Wohnen bietet.

Es existieren in Deutschland schon weit fortgeschrittene Projekte, wie „aal@home" (durchgeführt von Der PARITÄTISCHE Lüneburg). Zentrale Schnittstelle sind dabei weiterführende Ultra-Wideband Sensoren. Diese messen berührungslos sowohl Atem- als auch Herzfrequenzen und übermitteln solche Vitaldaten an den Hausarzt. Im Notfall kann automatisch Alarm ausgelöst werden. In Sachsen-Anhalt gibt es verstärkt Forschungen im Bereich der Telemedizin, zum Beispiel bei der Übermittlung von Daten bei Schlaganfällen aus dem Krankenwagen an ein Krankenhaus, damit der Arzt bei Ankunft des Patienten schon auf alles im Zuge des Notfalls vorbereitet ist. Das größte Potenzial im Baugewerbe kann AAL werden, weil es auch gleichzeitig Schnittstellen zu anderen Branchen bietet, vor allem zum Dienstleistungssektor und zu der Gesundheitswirtschaft. Es besteht jedoch noch erhöhter Forschungsbedarf, um Produkte für die Praxis attraktiver zu realisieren. Vor allem aber muss ein unterstützender Charakter erhalten bleiben und nicht Technologie als Ersatzleistung angesehen werden.

Ein großes Thema innerhalb des Baugewerbes und anderer Branchen im Rahmen der Seniorenwirtschaft ist das Marketing für Senioren. Erste Ergebnisse dazu von Unternehmen aus Sachsen-Anhalt sind in Tabelle 7.5 dargestellt.

Tabelle 7.5: Beurteilung der Option „veränderte Werbung" zum Erhalt beziehungsweise Verbesserung des Absatzes des Produkts beziehungsweise der Dienstleistung nach Branche (DEMOWAB 2011/2012)

Branche	geplant	nicht zweckmäßig
Gastgewerbe & Freizeit	25,0 Prozent	28,1 Prozent
sonstige	20,0 Prozent	25,0 Prozent
Dienstleistungen	17,2 Prozent	31,0 Prozent
Einzelhandel	16,0 Prozent	20,0 Prozent
verarbeitendes Gewerbe	14,3 Prozent	35,7 Prozent
Baugewerbe	13,2 Prozent	26,3 Prozent
Gesundheitswesen	11,1 Prozent	5,6 Prozent

Insgesamt sind Ältere in der Werbung gemessen an ihrem Anteil an der Bevölkerung stark unterrepräsentiert, gerade im Baugewerbe fehlen Marketingkonzepte und die generelle Erkenntnis, dass Ältere durch Werbemaßnahmen anzusprechen ökonomische Vorteile für das jeweilige Unternehmen bieten kann. Zwar gaben viele befragte Geschäftsführer an, in den letzten Jahren ihre Werbung verändert zu haben, aber als dann explizit nach Marketing für Senioren gefragt wurde, warben nur die wenigsten Unternehmen um die ältere Kundengruppe. Ein anspruchsvolles Seniorenmarketing wird aber in unmittelbarer Zukunft als essentiell in der Fachliteratur angesehen (Vgl. MEYER-HENTSCHEL & MEYER-HENTSCHEL), weil sich viele Ältere von der aktuellen Werbung einfach nicht angesprochen fühlen und somit als potenzielle Kunden verloren gehen können. In der Passantenbefragung stellte sich zum Beispiel heraus, dass sich über 65-jährige mit Wohnsitz in Sachsen-Anhalt (n = 1.363) von Werbung in Printmedien nur im geringen Umfang angesprochen fühlen: 33,6 Prozent gaben an, sich „gar nicht" vom Marketing in zum Beispiel Zeitungen angesprochen zu fühlen, 23,1 Prozent anworteten mit „eher nicht". 23,3 Prozent wählten die neutrale Antwortkategorie, lediglich 15,6 Prozent der Senioren fühlten sich „stark" angesprochen beziehungsweise 4,5 Prozent sogar „sehr stark". WEISS konstatiert jedoch über das Marketing im Baugewerbe: „Stärker als bislang wird es in der Zukunft darauf ankommen, Senioren mit einer zielgruppenspezifischen Ansprache und entsprechenden Marketingkonzepten von den Vorteilen des barrierefreien Wohnens, aber insbesondere auch von der Leistungsfähigkeit des Handwerks in diesem Bereich zu überzeugen" (WEISS, 2007, S.12).

Abb. 7.4: Beispiel für lokales Seniorenmarketing der Bau- und Wohnungsgenossenschaft Halle - Merseburg e.G. (eigene Aufnahme, 13.1.2011)

Genau 30 Prozent der 40 befragten Unternehmen des Baugewerbes betrieben ein zielgruppenspezifisches Marketing, das eine ältere Kundschaft ansprechen soll. Das dies nicht nur positive Beispiele produziert, zeigt Abb. 7.4 Obwohl die Firma viel für ihre älteren Mieter tut und sich durch gezielte Ansprache neue Kunden verspricht, ist die gewählte Darstellung der Senioren eher kontraproduktiv. Es muss ein realistisches Altersbild gezeichnet werden, damit die Älteren sich von der Werbung angesprochen fühlen und wiedererkennen.

In Sachsen-Anhalt gibt es neben der Dessauer Wohnungsbaugesellschaft mbH weitere Unternehmen des Baugewerbes, die als Best-Practice Beispiele der Seniorenwirtschaft im Land gelten. Die Firma GANG-WAY GmbH aus Sülzetal bei Magdeburg hat mit „SANFTLÄUFER" ein Produkt entwickelt, dass ein ebenerdiges Duschen durch eine Membranpumpe in quasi jeder Wohnung möglich macht. Zur Ansicht wird das Prinzip in Abb. 7.5 visualisiert.

Anpassungsstrategien des Baugewerbes an den demografischen Wandel 141

Abb. 7.5: Duschentwässerungssystem (GANG-WAY GmbH, 2010)

Mit diesem Duschentwässerungssystem werden vor allem ältere Kunden angesprochen, aber auch jüngere profitieren von dem Mehrwert an Komfort. Über Musterwohnungen (z.T. auch zu Werbezwecken ausgestattet von Möbelhäusern) wird versucht das Produkt bei Mietern bekannter zu machen. Bei Bestandssanierungen werden aber hauptsächlich Wohnungsunternehmen beraten. Dabei hat das Unternehmen seniore Kunden als Zukunftsmarkt entdeckt: „Altersgerechte Bestandssanierungen spielen bisher eine unterentwickelte Nebenrolle in Sachsen-Anhalt. Ich halte dies für einen der wenigen wachsenden Märkte" (INTERVIEWPARTNER 2). Eine altersgerechte Sanierung einer Wohnung wird mit einem Betrag zwischen 3.500 und 4.500 € veranschlagt, durch diese Maßnahmen kann ein Senior (länger) in seiner gewohnten Umgebung verbleiben. Vor allem bei einem Neubezug einer solchen angepassten Wohnung wird ein Mietkostenaufpreis akzeptiert. Jedoch wissen viele Ältere nicht um die Möglichkeiten, die ihnen geboten werden, auch etwa im Hinblick auf seniorengerechte Möbel im Einzelhandel (zum Beispiel elektrische Höhenverstellbarkeit). In der von der DWG geführten Umfrage ergab sich ein teilweise gespaltenes Bild über Anpassungen der Sanitäreinrichtungen: Während eine jeweils hohe Anzahl die folgenden gelisteten Maßnahmen für nicht nötig hielt, gaben die Befragten in dieser Reihenfolge einen Bedarf an Änderungen in ihrer Wohnung an: a) ebenerdige Dusche, b) Haltegriffe und c) barrierefreie Wanne. Gerade für letzteres sind etliche Handwerker des Bundeslandes sensibilisiert und werben auch für die Beschaffung und den Einbau dieser Hilfsmöglichkeiten.

Ein weiteres Best-Practice Beispiel für die Seniorenwirtschaft innerhalb des Baugewerbes stellt die REAL BAU DESSAU GMBH aus Dessau-Roßlau dar. Verkauft werden unter anderem eingeschössige Bungalows als Eigenheim, weil gerade eine Treppe im hohen Alter und bei körperlichen Einschränkungen ein Hindernis werden kann.

Der Bungalow bietet im Wesentlichen zwei weitere Vorteile: Zum einen den relativ günstigen Preis und zum anderen sind altersgerechte Anpassungen durch die spezielle Bauweise nachträglich leicht realisierbar. Eine Verbreiterung der Türen und der Einbau einer Rampe im Eingangsbereich würde sich auf etwa 3.000 € Kosten belaufen. Dieses Produkt wird nicht nur von Älteren erworben, auch jüngere Interessenten an einem Eigenheim orientieren sich an dem Angebot. Der prinzipiellen Möglichkeit AAL-Elemente in den Bungalows zu verbauen wird vom Unternehmen offen gegenüber gestanden, jedoch kamen bisher von Kunden diesbezüglich keine Anfragen. Falls Im Alter nicht umgebaut werden soll, existiert eine extra Kategorie, in der schon jetzt die DIN-Norm für barrierefreies Bauen realisiert werden kann. Damit wird offensiv geworben, zum Beispiel auf der Internetseite des Unternehmens und auf Plakaten beziehungsweise Anhängern als Werbeträger im Stadtbild: „Sie denken schon an später, wir auch! In unseren barrierefreien Häusern können Sie auch im Alter Ihr Leben unabhängig meistern. Dies geht hin bis zum behindertengerechten Wohnen nach E DIN 18030" (REAL Bau DESSAU GmbH).

7.4 Fazit

Als Fazit lässt sich festhalten, dass vor allem die Wohnungswirtschaft die Senioren als spezielle Kundengruppe erkannt hat und viele Unternehmen sich dementsprechend begonnen haben auf sie einzustellen. Im Handwerk sind weniger vergleichbare positive Beispiele vorhanden, hier ist ein relativ negatives Altersbild verbreitet und im Vergleich zu anderen Teilen der Branche wird weniger ökonomischen Potenzial der Älteren erkannt. Dabei beschäftigt sich die Fachliteratur mit dem Handwerk und zumindest deutschlandweit haben viele Handwerkskammern das Thema bearbeitet. Grundsätzlich gibt es viele Synergiepotenziale zu anderen Branchen (vor allem Dienstleistungen) aber auch zum Beispiel ambulante Pflege spielt im Zusammenhang mit Angeboten des Baugewerbes eine große Rolle. Regionale Unternehmen müssen verstärkt zusammenarbeiten um Chancen der Seniorenwirtschaft jeweils für sich selbst nutzen zu können. Wichtig ist weiterhin, dass die Unternehmen, die sich schon auf Senioren als Kunden eingerichtet haben, auch angemessen für ihre Angebote werben.

Literatur- und Quellenverzeichnis

Balderhaar, H.; Busche, J.; Lemke, M.; Rehyn, R.., Potenzialanalyse Seniorenwirtschaft - Regionalökonomische Impulse für Stadt und Landkreis Göttingen durch ältere Menschen, 2006, URL: http://www.regionalverband.de/veroeffentlichungen/Potenzialanalyse_Seniorenwirtschaft.pdf, Abruf: 18.07.2010

Deutsches Zentrum für Altersfragen, Statistisches Informationssystem GeorStat, 2012, URL: http://www.gerostat.de, Abruf: 05.02.2013

DEMOWAB (Bedeutung des demografischen Wandels für kleine und mittelständische Unternehmen in Sachsen-Anhalt), Betriebsbefragung, Halle/Saale, 2011/2012

Eitner, C., Die Reaktionsfähigkeit des deutschen Einzelhandels auf den demographischen Wandel - Eine qualitative und quantitative Analyse unter zielgruppen- und netzwerkspezifischen Gesichtspunkten, 2008, URL: http://www.sowi.rub.de/mam/content/heinze/weitere/dissertation_carolineitner.pdf, Abruf: 13.10.2011

Gang-Way GmbH, BODENGLEICH DUSCHEN ÜBERALL, 2010, URL: http://www.gangway.com/sanftlaeufer/downloads/Broschuere_Sanftlaeufer_2010.pdf, Abruf: 15.06.2011

Gauselmann, K., Senioren-Wohnungen: Verband fordert Umbau-Hilfe, 2012, URL: http://www.mz-web.de/servlet/ContentServer?pagename=ksta/page&atype=ksArtikel&aid=1355810880595&calledPageId=987490165154, Abruf: 18.12.12

Harm, K.; Jaeck, T.; Naß, A.; Sackmann, R., Bürgerumfrage Halle 2009, 2010, URL: http://www.soziologie.uni-halle.de/publikationen/pdf/1001.pdf, Abruf: 22.09.2011

Heinze, R.; Naegele, G.; Schneiders, K., Wirtschaftliche Potentiale des Alters - Grundriss Gerontologie Band 11. Stuttgart: Verlag W. Kohlhammer, 2011

Max-Planck-Gesellschaft zur Förderung der Wissenschaften e.V,, DemoData., URL: http://www.zdwa.de/cgi-bin/demodata/index.plx, Abruf: 12.07.2013

Mitteldeutsches Druck- und Verlagshaus GmbH & Co. KG, Altersgerechtes Wohnen - Für künftige Rentner wird es viel zu wenige geeignete Wohnungen geben, 2013, URL: http://www.mz-web.de/mitteldeutschland/altersgerechtes-wohnen-fuer-kuenftige-rentner-wird-es-viel-zu-wenige-geeignete-wohnungen-geben,20641266,23705648.html, Abruf: 13.07.2013

Narten, R. /Scherzer, U., Vermeidung von Leerständen durch Wohn- und Serviceangebote für ältere Menschen, Stuttgart: Fraunhofer IRB Verlag, 2007

Real Bau Dessau GmbH, Unsere Traumhäuser auf einen Blick, URL: http://www.real-bau-dessau.de/uebersicht_Haeuser.htm, Abruf: 23.06.2013

Statistisches Bundesamt, 12. koordinierte Bevölkerungsvorausberechnung, 2010, URL: https://www.destatis.de/laenderpyramiden/, Abruf: 12.07.2013

Weiss, P., Demographischer Wandel - Chancen und Herausforderungen für das Handwerk, Berlin: Zentralverband des deutschen Handwerks, 2007

Anhang

Anhang 7.1: Liste der geführten Experteninterviews

1	26.08.2011	Veronika Baars	Senioren- und Zielgruppenmanagement der Dessauer Wohnungsbaugesellschaft mbH	persönlich
2	28.06.2011	Klaus Jacobs	Geschäftsführer GANG-WAY GmbH	telefonisch

Die zukünftige finanzielle Situation von Senioren

Herbert S. Buscher

Abstract

Altersarmut wurde in den letzten zwei Jahrzehnten immer mehr zu einem gesellschaftlichen Problem und wird auch in den kommenden Jahren ein gesellschaftliches, ökonomisches und politisches Problem bleiben. Die Ursachen für eine zunehmende Altersarmut liegen neben persönlichen Problemen vorwiegend in der Erwerbstätigkeit und ihren Ausprägungen. Vermehrte Arbeitslosigkeit, Langzeitarbeitslosigkeit, häufige Erwerbsunterbrechungen, prekäre Beschäftigungsverhältnisse aber auch die Tatsache, dass mehr Personen alleinerziehend sind, lassen sich unmittelbar als Gründe aufführen. Gegen eine Altersarmut in Zukunft hilft vor allen Dingen eine qualifizierte Ausbildung mit den sich daraus ergebenden Beschäftigungsmöglichkeiten. Folglich ist Altersarmut ein langfristiges Problem, das vornehmlich aus dem Arbeitsmarkt herrührt. Dementsprechend können auch nur langfristige Maßnahmen dazu führen, dass Altersarmut in Deutschland nicht weiter zunimmt bzw. zu einer Abnahme führen. Kurzfristige Maßnahmen sind eher ungeeignet und haben demzufolge auch politisch-kosmetischen Charakter.

8.1 Einleitung

Ein Problem, das zukünftig verstärkt in den Vordergrund der gesellschaftlichen und politischen Debatte treten wird, ist die sich abzeichnende Altersarmut in Deutschland[1]. Zwar ist Altersarmut aktuell kein ernsthaftes Problem, aber bereits heute gibt es deutliche Anzeichen dafür, dass in den kommenden zwei Jahrzehnten mit einem deutlichen Anstieg der von Armut im Alter betroffenen Personen gerechnet werden muss. Unmittelbar hiervon betroffen sind selbstredend die älteren Mitglieder der Gesellschaft, aber auch kommunale Einrichtungen, deren Aufgabe es ist, hilfebedürftigen Personen eine entsprechende Unterstützung zukommen zu lassen. Die hieraus entstehenden konkreten finanziellen Belastungen für die Kommunen sind derzeit nicht seriös abschätzbar, da eine Vielzahl von Faktoren zu berücksichtigen sind, wenn seitens der öffentlichen Hand soziale Hilfemaßnahmen erforderlich sind bzw. ein Anspruch auf Grundsicherung im Alter im Rahmen der Sozialgesetzgebung geltend gemacht werden kann.

---

1 Einer der ersten Beiträge zur (Alters-)Armut in Deutschland ist der von Becker und Hauser herausgegebene Sammelband (1997).

In der ganz überwiegenden Mehrzahl der aktuell von Altersarmut betroffenen Fälle liegen die Gründe hierfür in der Vergangenheit – konkret: in der Gestaltung des Erwerbslebens der Betroffenen. Und hierin ist ein wesentlicher Grund zu sehen, warum kurzfristige Maßnahmen zwar unter Umständen Altersarmut lindern können, aber wenig geeignet sind, Altersarmut nachhaltig zu verhindern. Maßnahmen zur Linderung der Altersarmut werden wirksam, wenn die Armut bereits eingetreten ist, haben also eher eine abmildernde Wirkung als von frühzeitig ergriffenen effektiven Maßnahmen erwarten werden kann, die verstärkt auf Prophylaxe und somit Verhinderung von Altersarmut abstellen. Aber auch persönliche Einflussfaktoren, die unabhängig vom Erwerbsleben eintreten, sind als potentielle Gründe für Altersarmut zu nennen. Zu denken ist hier an Scheidung, chronische Erkrankung, körperliche oder geistige Behinderung etc.

8.2 Mögliche Ursachen von Altersarmut und ihre bisherige Untersuchung[2]

Die offizielle Berichterstattung über Reichtum und Armut in Deutschland erfolgt über die periodische Veröffentlichung des „Armuts- und Reichtumsbericht der Bundesregierung", die im Auftrag der Bundesregierung federführend vom Ministerium für Arbeit und Soziales durchgeführt wird (BUNDESMINISTERIUM FÜR ARBEIT UND SOZIALES 2013). Der vierte Bericht wurde 2013 der Öffentlichkeit zugänglich gemacht. Da Vermögenswerte statistisch nur schwer zu erfassen sind, stellt der Bericht vornehmlich auf die Einkommenssituation von Haushalten und Personen ab[3], wobei insbesondere der Bereich der Erwerbstätigkeit im Vordergrund steht.

Folgt man den aktuellsten Zahlen des Statistischen Bundesamtes vom August 2013, dann liegt die Armutsgefährdungsquote, gemessen am Bundesmedian, 2012 in Deutschland bei 15,2 Prozent. In Westdeutschland (ohne Berlin) beträgt der Anteil 14,0 Prozent und in den neuen Bundesländern (einschließlich Berlin) 19,7 Prozent (STATISTISCHES BUNDESAMT 2013). Betrachtet man nur die Personen 65 Jahre und älter, so folgt aus dem 4. Armuts- und Reichtumsbericht, dass 2011 13,3 Prozent der Personen unterhalb der Armutsrisikoschwelle (60 Prozent des Medianeinkommens) lebten, wenn die Daten des Mikrozensus herangezogen werden. Wird hingegen die Einkommens- und Verbrauchsstichprobe

---

2 Dieser Abschnitt des Beitrags bezieht sich vornehmlich auf die Ausführungen, die in Kumpmann et al. gemacht wurden (2012).

3 Eine aktuelle Darstellung und Auswertung der Vermögenssituation der Haushalte in Deutschland wurde 2013 von der Deutschen Bundesbank veröffentlicht. Siehe Herrmann, Heinz und Kalckreuth, Ulf von (2013).

(EVS) verwendet, dann betrug der vergleichbare Wert 14,1 Prozent und bei den Daten von EU-SILC für 2010 14,2 Prozent.

Weitere – mehr oder weniger – offizielle Publikationen über die finanzielle Lage der Rentner in Deutschland werden im Auftrag der Deutschen Rentenversicherung erstellt und veröffentlicht. Die bei weitem bekanntesten Veröffentlichungen hier sind die Berichte AVID 2005 (Altersvorsorge in Deutschland) und ASID (Alterssicherung in Deutschland) (BUNDESMINISTERIUM FÜR ARBEIT UND SOZIALES 2012).

Zu nennen sind weiterhin der Rentenversicherungsbericht (Rentenversicherungsbericht 2012) und die ergänzende Information zur Alterssicherung in Deutschland (Alterssicherungsbericht 2012), die jeweils im Auftrag der Bundesregierung erstellt werden und die Öffentlichkeit über den aktuellen Stand der Gesetzlichen Rentenversicherung unterrichten sowie ergänzend über die Maßnahmen zur Alterssicherung, die über die gesetzliche Rente hinaus getroffen werden.

Zusammenfassende Darstellungen der Armut und der Altersarmut speziell finden sich auch unregelmäßig in den Jahresgutachten des Sachverständigenrats zur Begutachtung der gesamtwirtschaftlichen Entwicklung, die jährlich im November veröffentlicht werden. Alle genannten Untersuchungen / Berichte beschränken sich auf die jüngste Vergangenheit sowie auf die aktuelle Situation, gekennzeichnet durch den aktuellen Rand der jeweiligen Zeitreihen. Eine Prognose oder Projektion, wie sich Altersarmut zukünftig entwickeln wird, unterbleibt. Diese Fragestellung wird deshalb auch vornehmlich von wirtschafts- und sozialwissenschaftlichen Forschungsinstituten sowie den entsprechenden Verbänden wie z.B. dem Deutschen Gewerkschaftsbund oder dem Paritätischen Wohlfahrtsverband aufgegriffen[4].

8.3 Wie kann Armut gemessen werden?

Wann kann man eine Person oder eine Familie bzw. Lebensgemeinschaft als „arm" bezeichnen? Reichen allein auf die materielle Situation abgestellte Kennziffern aus oder muss nicht auch noch in einer angemessenen Weise das soziale Umfeld mit seinen Teilhabe-Möglichkeiten für die Betroffenen mit berücksichtigt werden? In welchem Umfang sind verwandtschaftliche Beziehungen und ihre Auswirkungen auf die gesellschaftliche Lage der von Armut betroffenen älteren Menschen zu berücksichtigen? Sind allein objektive Kriterien ausrei-

---

4 Vergleiche u.a. Bogedan und Rasner (2008), Frick und Grabka (2001 und 2009), Goebel und Grabka (2011), Geyer und Steiner (2010), Gernandt und Pfeiffer (2007), Krenz, Nagl und Ragnitz (2009), Joebkes et al. (2012) sowie Riedmüller und Willert (2008).

chend, um Altersarmut zu konstatieren oder sind nicht auch subjektive Empfindungen der Betroffenen mit in die Analyse einzubeziehen?

Der Vorteil einer ausschließlich materiellen Betrachtung liegt darin, dass die Ergebnisse relativ leicht nachvollziehbar sind und im Vergleich zu subjektiven Einschätzungen ein deutlich höheres Maß an „Objektivität" aufweisen. Allerdings steckt auch hier der „Teufel im Detail". Ausschließlich materielle Kriterien zur Beurteilung der sozialen Situation von Personen sind eindeutig, wenn sie auf monetäre Größen abstellen. Zu nennen sind hier Renten, Pensionen, Pacht- und Zinserträge, Mieteinnahmen, Gewinne aus Glücksspielen, Erwerbseinkommen, staatliche Zuschüsse wie z.B. Wohngeld etc. Deutlich schwieriger wird es, wenn bereits heute erworbene finanzielle Ansprüche erst zu einem späteren Zeitpunkt auszahlungswirksam werden, so wie es bei (Lebens-)Versicherungen der Fall ist. Erschwerend kommt hinzu, dass zwar mit nominellen Ansprüchen gerechnet werden kann, im Falle einer Geldentwertung jedoch die damit einhergehende Kaufkraft (und deren Verlust) nicht oder nur sehr ungenau beziffert werden kann.

Ein vergleichbares Problem stellt sich bei der Bewertung von Vermögenswerten zu aktuellen Marktpreisen. Was ist der konkrete Marktpreis eines Wohnhauses, eines unbebauten Grundstücks, eines gebrauchten PKWs, von Schmuck- und anderen Wertgegenständen wie z.B. Gemälde oder Sammlungen? Sind - und wenn ja, wie – Obst und Gemüse aus eigenem Anbau bei der Messung von Armut zu berücksichtigen? Können inoffizielle Zuwendungen von Verwandten, Bekannten und Freunden überhaupt erfasst werden? Und schließlich – ist eine Person mit geringem Einkommen und Wohneigentum, so dass keine Mietzahlungen anfallen, „relativ ärmer" als eine Person mit höherem Einkommen und monatlichen Mietzahlungen?

Aufgrund dieser genannten Schwierigkeiten bei der Erfassung von Einkommen und Vermögen wird in der Mehrzahl der Fälle bei der Bestimmung von Armut einzig auf das Einkommen abgestellt. Aber auch hier existiert kein objektives Maß, unterhalb welchen Einkommens eine Person / ein Haushalt als arm anzusehen ist. Im weiteren Verlauf folgen wir den Kriterien der OECD und definieren als Armutsgefährdungsgrenze ein äquivalenzgewichtetes Einkommen, das bei 60 Prozent des Medianeinkommens liegt. Die Gewichtungsfaktoren entsprechen der modifizierten OECD-Skala mit den Gewichten 1 für das erste erwachsene Haushaltsmitglied, 0,5 für weitere erwachsene und jugendliche Haushaltsmitglieder und 0,3 für Kinder unter 14 Jahren.

Wie oben ausgeführt, ist die Erfassung sowohl des Vermögens und des Einkommens (einschließlich des Einkommens aus Vermögen) sowie zukünftiger Einkommensströme praktisch nur unvollständig möglich. Andererseits ist eine Beschränkung auf die Ansprüche aus der gesetzlichen Rentenversicherung unzureichend, da auch im Alter weitere Einnahmequellen zur Verfügung stehen / stehen werden wie z.b. Auszahlungen aus der Riester-Rente, aus betrieblichen Altersvorsorgesystemen, aus privater Vorsorge etc. Da im Falle einer Bedürftigkeit bei den sozialen Ämtern in den Kommunen entsprechende Nachweise erbracht werden müssen, dient im weiteren dieses erweiterte, über die gesetzlichen Renteneinkünfte hinausgehende Einkommenskonzept als Bewertungsgrundlage, ob eine Person / ein Haushalt als relativ arm anzusehen ist oder nicht. Nicht berücksichtigt werden mögliche Unterhaltszahlungen oder Zahlungsverpflichtungen, die im Kontext einer Privatinsolvenz zu leisten sind.

8.4 Welche Personen sind besonders durch Altersarmut gefährdet?

Nachdem im vorangegangenen Abschnitt ein quantitatives Konzept zur Erfassung materieller Armut eingeführt wurde, stellt sich als nächstes die Frage, welche Personen besonders stark einem Armutsrisiko im Alter ausgesetzt sind und was die wesentlichen Gründe hierfür sind. Die Hauptursache für Altersarmut liegt in der Zeit vor dem Renteneintritt und ist wesentlich durch die zugrundeliegende Erwerbsbiografie einer Person bestimmt. Als besonders gefährdete Gruppen gelten Personen, die keinen Schulabschluss oder keine abgeschlossene Lehre aufweisen können, teilweise Personen mit Migrationshintergrund ohne ausreichende Sprachkenntnisse, Personen, die häufige Erwerbsunterbrechungen in ihrer Erwerbsbiografie aufweisen oder eine längere Zeit arbeitslos waren, sowie alleinerziehende / geschiedene Mütter und Ehefrauen, die entweder nicht erwerbstätig waren oder überwiegend nur geringfügige Beschäftigungsverhältnisse nachweisen können. Eine weitere Ursache für eine spätere Altersarmut ist eine lang andauernde Beschäftigung im Niedriglohnbereich, da hierdurch nur sehr geringe Ansprüche an die gesetzliche Rentenversicherung entstehen, die dann in Folge zu einer Altersarmut führen. Selbstredend können die einzelnen Merkmale auch gehäuft bei Personen auftreten, so dass sich hierdurch das Risiko einer späteren Altersarmut deutlich erhöht.

Ebenfalls potentiell von Altersarmut bedroht gelten bestimmte Gruppen von Freiberuflern und Selbständigen. Hinzu kommt jener Personenkreis, der unverschuldet Beschäftigungshemmnissen gegenübersteht wie Personen mit körperlichen Gebrechen oder geistiger Behinderung sowie chronisch Kranke und Suchtkranke. Als Risikogruppe muss schließlich auch noch ein Teil der Bevölkerung gesehen werden, der bereits im Erwerbsleben mit dem Problem der Überschuldung zu kämpfen hatte und somit keine Möglichkeit besaß, ein privates Vermögen zur Alterssicherung aufzubauen.

Neben diesen individuellen Aspekten sind zusätzlich zwei gesamtwirtschaftliche Tendenzen zu nennen, die Altersarmut verstärken können. Die erste Ursache ist die Wandlung von Erwerbsbiografien, wie sie u.a. von BOGEDAN UND RASNER (2008), GERNANDT UND PFEIFFER (2007) sowie HIMMELREICHER UND FROMMERT (2006) bereits erwähnt wurden. Zwei weitere Ursachen für eine potentielle Altersarmut sind eher institutioneller Art, sollten in ihren Auswirkungen aber nicht unterschätzt oder vernachlässigt werden. Diese sind der demografische Wandel mit seinen unmittelbaren Folgen für den Arbeitsmarkt und die sozialen Sicherungssysteme sowie der demografische Faktor in der Berechnung der Rente, die sogenannte Abschmelzung des Rentenniveaus, der in einem engen Zusammenhang mit der demografischen Entwicklung zu sehen ist.

Wie bereits weiter oben ausgeführt wurde, liegen die wesentlichen Ursachen für eine Altersarmut im Erwerbsleben begründet. Aus diesem Grunde werden zwei Querschnittsregressionen geschätzt, in denen das Pro-Kopf-Einkommen eines Haushalts mit Personen ausschließlich 65 Jahre alt oder darüber, auf wichtige Variablen aus dem Erwerbsleben der Person sowie ausgewählte sozioökonomische und regionale Größen regressiert wird. Die erklärenden Variablen können hierbei sowohl die Wahrscheinlichkeit einer Altersarmut verringern helfen als auch zu einem höheren Risiko führen. Tabelle 8.1 zeigt die verwendeten erklärenden Variablen.

Der Beamtenstatus sollte in der Regel dazu führen, dass eine betroffene Person einem geringeren Altersarmutsrisiko ausgesetzt ist als eine Person, für die dieser Zustand nicht zutrifft. In dem Sinne wirkt ein Beamtenstatus armutsverringernd. Analog kann argumentiert werden für die Personen, die über eine abgeschlossene Lehre verfügen oder einen Abschluss an einer Hochschule vorweisen können. Vollzeitbeschäftigung gegenüber Teilzeit wirkt selbstredend prophylaktisch im Hinblick auf Altersarmut, da hierdurch höhere Rentenansprüche erworben werden als im Falle einer Teilzeitbeschäftigung. Hinsichtlich des Geschlechts ist zu erwarten, dass Frauen einem höheren Risiko einer Altersarmut ausgesetzt sind als Männer. Die Gründe hierfür liegen in den Erziehungszeiten, den geringeren Verdienstmöglichkeiten und der höheren Teilzeitbeschäftigung. Scheidung und verwitwet sein stellen potentiell ein Risiko dar, in späteren Jahren über weniger Mittel verfügen zu können als im Falle, dass diese Ereignisse nicht eingetreten wären.

Die zukünftige finanzielle Situation von Senioren 151

Tabelle 8.1: Mögliche Erklärungsfaktoren für die Regressionsschätzungen

Variable	Beschreibung
Einkommen im Alter	Gesamtes Alterseinkommen pro Monat in €
Erwerbsbezogene Renten und Pensionen	Einkommen aus erwerbsbezogenen Renten und Pensionen pro Monat in €
Vollzeit-Erwerbstätigkeit (linear und quadriert)	Arbeitsmarkterfahrung Vollzeit in Jahren
Teilzeit-Erwerbstätigkeit (linear und quadriert)	Arbeitsmarkterfahrung Teilzeit in Jahren
Geschlecht	Dummy-Variable mit Mann = 1, Frau = 0
Kinder	Zahl der Kinder, die ein Frau im Lauf des Lebens hat
Beamte	Dummyvariable 1 = wenn die Person mindestens in einem Jahr Beamte/r war
Selbstständig	Dummyvariable 1 = wenn die Person mindestens in einem Jahr selbstständig war
Scheidung	Zahl der Ehescheidungen im Leben
Ehe	Dummyvariable: 1 = aktuell verheiratet
Witwe/r	Dummyvariable: 1 = wenn verwitwet
Lehre	Dummyvariable: 1 = abgeschlossene Lehre
Studium	Dummyvariable: 1 = Hochschulabschluss
Ost	Dummyvariable: 1 = Haushalt in Ostdeutschland (einschl. Ost-Berlin)
Interaktionsterme Ostdeutschland mit anderen Variablen	

Für den entsprechenden SOEP-Code der Variablen siehe KUMPMANN *et al. (2012)*

Der Status „Selbständigkeit" ist zweideutig. Wird aus eigenen Stücken eine Altersvorsorge betrieben, so kann Selbständigkeit die Gefahr einer Altersarmut verringern. Aber zu denken ist auch an Personen, die zwar selbständig sind, aber deren Einkommen zu niedrig ist, als dass hiermit eine langfristige Altersvorsorge aufgebaut werden kann. Die Dummy-Variable Ost wurde eingeführt, um spezifische Verhältnisse in den neuen Bundesländern zu erfassen.

Für die Schätzungen werden die Beobachtungen mit den im SOEP zur Verfügung gestellten Hochrechnungsfaktoren gewichtet (Gewichte aus der Welle des Jahres 2008). Somit ist garantiert, dass die Ergebnisse sich nicht auf die Stichprobe beziehen, sondern für die entsprechende Grundgesamtheit interpretiert werden können. Als zu erklärende Variablen in den Schätzungen dient das äquivalenzgewichtete Einkommen der einzelnen Haushaltsmitglieder aus Haushalten mit Personen ab 65 Jahren. Da sich die 2008 durchgeführte Befragung auf das Einkommen aus dem Jahre 2007 bezieht, werden dementsprechend nur Personen einbezogen, die 2007 mindestens 65 Jahre alt waren. Weiterhin wurden nur Haushalte betrachtet, in denen keine Personen leben, die unter 65 Jahre sind. Der Grund hierfür ist, dass die gewichteten Haushaltseinkommen nicht durch die entsprechenden Erwerbseinkommen der unter 65-jährigen Personen verzerrt werden sollen.

Tabelle 8.2 zeigt die Schätzergebnisse, unterschieden nach dem Gesamteinkommen im Alter und nach den erwerbsbezogenen Renten und Pensionen. Diese Unterscheidung erlaubt eine grobe Abschätzung darüber, wie zusätzliche Maßnahmen der Altersvorsorge unter Umständen eine Altersarmut verhindern oder abmildern können.

Tabelle 8.2: Regressionsergebnisse für Personen ab 65 Jahre für ihr Einkommen und ihre Renten 2007

Unabhängige Variable	Gesamteinkommen im Alter	Erwerbsbezogene Renten und Pensionen
Konstante	1075,51***	417,26***
Vollzeitarbeit	10,67	26,70***
Vollzeitarbeit quadriert	-0,20	-0,33***
Teilzeitarbeit	-1,86	-3,62
Teilzeitarbeit quadriert	0,03	0,24
Geschlecht (1=männlich)	-51,63	273,69***
Kinder	-70,75***	-28,21
Beamte	557,54***	704,98***
Selbstständig	214,77**	-223,87***
Scheidung	-161,25***	-76,82**
Ehe	233,42***	193,04***
Witwe/r	316,08***	-221,02***
Lehre	291,02***	227,15***
Studium	1226,07***	794,06***
Ost	-418,37**	-107,15
Vollzeitarbeit x Ost	-8,31	-7,87
Vollzeitarbeit quadriert x Ost	0,25	0,16
Teilzeitarbeit x Ost	23,16**	12,80*
Teilzeitarbeit quadriert x Ost	-0,75**	-0,42
Geschlecht x Ost	170,48	6,85
Kinder x Ost	61,50**	16,78
Beamte x Ost	133,59	-361,85
Selbstständig x Ost	190,21	118,70
Scheidung x Ost	242,06***	143,19*
Ehe x Ost	97,22	122,95
Witwe/r x Ost	193,57	264,50***
Lehre x Ost	-301,49***	-225,43***
Studium x Ost	-737,38***	-398,48***
R2	0,280	0,435
Anzahl Beobachtungen	3357	3365

*/ ** / *** = signifikant auf dem 10-/5-/1-Prozent-Niveau. Datenquelle: SOEP 2009. Einer möglichen Heteroskedastizität in den Schätzergebnissen wurde durch die Verwendung einer robusten Kovarianzschätzung nach WHITE (1980) Rechnung getragen. Um die Zahl der Beobachtungen zu groß wie möglich zu halten, wurden fehlende Werte durch ein geeignetes Imputationsverfahren ersetzt. Eine ausführliche Beschreibung findet sind bei KUMPMANN et al. 2012 (KUMPMANN et al. 2012).

8.5 Eine mögliche Projektion für das Jahr 2023

Neben einer Vielzahl weiterer Studien versuchen KUMPMANN et al. (2012) in einer Projektion das mögliche Ausmaß von Altersarmut in Deutschland im Jahre 2023 zu ermitteln. Als Datengrundlage hierzu diente ihnen das Sozioökonomische Panel (SOEP) des Deutschen Instituts für Wirtschaftsforschung in Berlin. Unter Vernachlässigung vermögensrelevanter Gesichtspunkte berücksichtigten sie weitestgehend alle möglichen Einkommens- und Einnahmequellen von Haushalten und ermittelten auf der Grundlage der aktuellen OECD-Gewichtung das Äquivalenzeinkommen für die Mitglieder in den einzelnen Haushalten. Als armutsgefährdet gelten Personen / Haushalte, deren Äquivalenzeinkommen niedriger ausfällt als 60 Prozent des Medianeinkommens. Im Unterschied zu vergleichbaren Studien wie GEYER UND STEINER (2010) stellen die Autoren nicht ausschließlich auf Arbeitnehmerhaushalte und ihre Ansprüche an die gesetzliche Rentenversicherung ab, sondern erfassen auch die Haushalte von Freiberuflern und Selbständigen, da auch hier die Gefahr besteht, dass ein Teil dieser Gesellschaftsgruppe im Alter in Armut abgleiten kann.

Ausgangspunkt für die Projektion zukünftiger Altersarmut ist die Annahme, dass sich die gesellschaftlichen und ökonomischen Verhältnisse zwischen 1992 und 2023 nicht so dramatisch verändert haben werden, dass spürbare Strukturbrüche vorhanden wären, die einen intertemporalen Vergleich unmöglich machen würden. Die Projektion künftiger Altersarmut stellt auf Personen ab, die zwischen 65 und 70 Jahren alt sind. Aufgrund der Panelstruktur kann diese im Jahre 2008 befragte Gruppe des Jahres 2007 mit den Daten abgeglichen werden, die 1992 für sie galten, als sie zwischen 50 und 55 Jahre alt waren. Mit einer Regressionsanalyse wird dann ermittelt, welche biografischen Daten aus 1992 für ihr Einkommen im Jahr 2007 relevant waren. Der zweite Schritt der Projektion bestand nun darin, diese geschätzten Koeffizienten mit den Ergebnissen der Befragung der Personen, die bei der Befragung 2008 zwischen 50 und 55 Jahre alt waren, zu kombinieren und daraus Alterseinkommen zu schätzen, die sie 15 Jahre später, also 2023, beziehen werden. Den Problemen der Preisbereinigung und des Wachstums im Projektionszeitraum wird dadurch Rechnung getragen, dass alle Einkommensdaten mit dem jeweiligen gesamtdeutschen Medianeinkommen standardisiert werden, also in Relation zum jeweiligen Medianeinkommen ausgedrückt werden[5]. Die Ergebnisse dieser Vorgehensweise sind in Tabelle 8.3 dargestellt.

---

5 Für eine präzise Beschreibung der Vorgehensweise sowie der Darstellung der Regressionsergebnisse siehe Kumpmann et al. 2012 (S. 73ff und Anhang).

Tabelle 8.3: Anteil der Personen zwischen 65 und 70 Jahren unter der Armutsgrenze in Prozent

		2007	2023
Gesamtdeutschland	Frauen 65 – 70 Jahre	13,3	14,1
	Männer 65 – 70 Jahre	13,7	19,0
	65 – 70—jährige insgesamt	13,4	16,3
Westdeutschland	Frauen 65 – 70 Jahre	13,5	14,7
	Männer 65 – 70 Jahre	13,7	17,8
	65 – 70—jährige insgesamt	13,6	16,1
Ostdeutschland	Frauen 65 – 70 Jahre	12,4	11,5
	Männer 65 – 70 Jahre	13,4	23,6
	65 – 70—jährige insgesamt	12,8	17,2

Projektion auf Basis von Daten des SOEP (KUMPMANN et al. 2012).

Wachsende Altersarmut ist vor allem ein ostdeutsches Problem. Dies ist darauf zurückzuführen, dass in den ostdeutschen Bundesländern die heutige ältere Generation noch von ihren langen meist unterbrechungsarmen Erwerbsbiografien in der DDR profitiert, während unter den jüngeren Menschen in Ostdeutschland längere Zeiten der Erwerbslosigkeit weiter verbreitet sind. In den westdeutschen Bundesländern lässt ein entsprechender Wandel der Erwerbsbiografien nicht so deutlich feststellen. Der ostdeutsche Trend wird allerdings vermutlich dadurch etwas überzeichnet, dass Personen mit längeren Erwerbsbiografien und guter Ausbildung in den Westen abgewandert sind und möglicherweise im Ruhestand zurückkehren, sodass die entsprechenden Armutsrisikoquoten für Ostdeutschland günstiger ausfallen könnten. Allerdings zeigen die Projektionsergebnisse ziemlich eindeutig, dass in den kommenden Jahren mit einer zunehmenden Altersarmut in beiden Teilen Deutschlands zu rechnen ist. Einzig die Frauen im Rentenalter in Ostdeutschland zeigen eine leicht bessere Perspektive als die vergleichbaren Gruppen.

Einige einschränkende Bemerkungen zu den Ergebnissen sind angebracht. Die Projektion erfolgte auf der Grundlage von Status-quo-Annahmen. Diese können sich selbstverständlich ändern und somit auch die Ergebnisse der Projektion. Ebenfalls können sozialpolitische und andere Maßnahmen dazu beitragen, dass der projizierte Anteil der von Altersarmut betroffenen Personen geringer ausfällt. Zu denken ist beispielsweise daran, dass eine Mindestrente eingeführt wird oder einige Bezieher niedrigerer Renten in ihrem Niveau angehoben werden, so dass sie oberhalb der Bedürftigkeitsschwelle liegen[6]. Allerdings werden

---

6 Maßnahmen und Reformvorschläge, wie das gegenwärtige Rentensystem „demografiefest" gemacht werden kann, finden sich u.a. bei Werding (2013).

diese möglichen Maßnahmen nicht dazu führen, dass die in der Tabelle aufgezeigte Tendenz sich in der Entwicklung umkehren wird. Somit bleibt festzuhalten, dass Altersarmut zwar aktuell noch kein großes gesellschaftliches Problem darstellt, aber zunehmend zu einem gesellschaftspolitischen Problem in den nächsten Jahren werden wird.

8.6 Zusammenfassung

Soll Altersarmut verringert oder verhindert werden, so sind bereits während des Erwerbslebens Entscheidungen zu treffen, die eine spätere Altersarmut vermeiden helfen.

Hierzu zählen neben einem erfolgreichen Schulabschluss und einer qualifizierten Berufsausbildung auch Maßnahmen, die neben der gesetzlichen Rente in späteren Jahren zu Einkommensströmen führen werden wie z.B. Lebensversicherungen und private Vermögensbildung, verschiedene Formen der Riester-Rente[7], betriebliche Altersvorsorge-Möglichkeiten etc. Aber dies ist nur ein Aspekt, der berücksichtigt werden muss. Weiterhin sind nach Möglichkeit Vollzeitarbeitsverhältnisse mit einer angemessenen Vergütung erforderlich, so dass entsprechende Anwartschaften in der gesetzlichen Rentenversicherung und auf privater Ebene aufgebaut werden können, die einer späteren Bedürftigkeit entgegenwirken. Solche „Sicherungsmaßnahmen" erstrecken sich in der Regel über einen Zeitraum von 20 – 30 Jahren; d.h., es muss frühzeitig mit einer Aufklärung begonnen werden, die auf mögliche spätere Risiken verweist, falls Vorsorgemaßnahmen nicht getätigt werden oder nur in einem unzureichenden Maße. Ebenso gehen Überlegungen in eine ähnliche Richtung, die auf eine „Lebensleistungsrente" abstellen oder eine Garantierente / Grundrente im Alter oberhalb der Bedürftigkeitsschwelle einführen wollen. Aber solche Maßnahmen benötigen Zeit, so dass hier nicht mit kurzfristigen Wirkungen gerechnet werden kann. Weiterhin ist zu prüfen, ob solche Maßnahmen mit den herkömmlichen Prinzipien einer Versicherungssystematik vertretbar sind oder nicht. Sollten sich kaum überbrückbare Probleme mit den gängigen Versicherungsprinzipien auftun, dann ist über eine mögliche Steuerfinanzierung nachzudenken.

Begleitet werden müssen diese Maßnahmen mit entsprechenden Aufklärungsaktionen; diese werden umso dringlicher, je weniger die gesetzliche Rente in den kommenden Jahrzehnten zur Sicherung eines als angemessen erachteten Lebensunterhalts wird beitragen können. Hier zeigen sich die Auswirkungen des

---

7 Auf die begrenzten Möglichkeiten Altersarmut durch private und/oder betriebliche Altersvorsorge wie z.B. die Riester-Rente zu vermeiden, verweisen Börsch-Supan et al. (2009).

demografischen Wandels und die veränderten Bedingungen des Erwerbslebens sehr deutlich.

Es obliegt der Gesellschaft darüber zu befinden, ob sie mit dieser Entwicklung leben kann und / oder möchte, oder ob sie als Ganzes eine Verantwortung darin sieht, dass Mitglieder der Gesellschaft, die sich in ihrem letzten Lebensabschnitt befinden, ein Leben – materiell und immateriell – führen können, das der Würde und der Lebensleistung eines jeden Menschen Rechnung trägt. Dies ist aber kein spezifisches West-Ost-Problem der Alterung.

Literatur- und Quellenverzeichnis

Bäcker, Gerhard: Altersarmut als soziales Problem der Zukunft? In: Deutsche Rentenversicherung 4/2008, S. 357-367, 2008

Becker, Irene und Hauser, Richard (Hrsg.): Einkommensverteilung und Armut. Deutschland auf dem Weg zur Vierfünftel-Gesellschaft? Frankfurt/M. (Campus Verlag), 1997

Börsch-Supan, Axel; Martin Gasche; Christina Wilke und Michael Ziegelmeyer: Auswirkungen der Finanzkrise auf die Altersvorsorge in Deutschland. Vortrag gehalten auf der MEA Jahreskonferenz im November 2009, Mannheim, 2009

Bundesministerium für Arbeit und Soziales: Rentenversicherungsbericht 2009, Berlin, 2009

Bundesministerium für Arbeit und Soziales: Alterssicherung in Deutschland 2011 (ASID 2001), Zusammenfassender Bericht, Forschungsbericht 431/Z, München, 2012

Bundesministerium für Arbeit und Soziales: Der vierte Armuts- und Reichtumsbericht der Bundesregierung. Bericht. Berlin, 2013

Bundesregierung: Ergänzender Bericht der Bundesregierung zum Rentenversicherungsbericht 2008 gemäß § 154 Abs. 2 SGB VI (Alterssicherungsbericht 2008), Berlin, 2008

Deutsche Rentenversicherung Bund und Bundesministerium für Arbeit und Soziales (Hrsg.): Altersvorsorge in Deutschland 2005. Alterseinkommen und Biographie. DRV-Schriften Band 75, München, 2007

Geyer, J. und Viktor Steiner: Künftige Altersrenten in Deutschland: Relative Stabilität im Westen, starker Rückgang im Osten. DIW Wochenbericht 11/2010, 2-11, 2010

Goebel, Jan und Markus M. Grabka: Zur Entwicklung der Altersarmut in Deutschland. DIW Wochenbericht Nr. 25, S. 3 – 16, 2011

Hauser, Richard und Irene Becker (Hrsg.): Reporting on Income Distribution and Poverty. Berlin und Heidelberg (Springer Verlag), 2003

Herrmann, Heinz und von Kalckreuth, Ulf, Pressegespräch: Private Haushalte und ihre Finanzen – Ergebnisse der Panelstudie zu Vermögensstruktur und Vermögensverteilung, 2013

Monatsbericht der Deutschen Bundesbank, Januar 2012, Das PHF: eine Erhebung zu Vermögen und Finanzen privater Haushalte in DeutschlandFrankfurt/M., 2012

Himmelreicher, R.K. und D. Frommert: Gibt es Hinweise auf zunehmende Ungleichheit der Alterseinkünfte und zunehmende Altersarmut? Vierteljahreshefte zur Wirtschaftsforschung 75, 1, S. 108-130, 2006

Informationsdienst Soziale Indikatoren: Altersarmut: Tendenz steigend. ISI 47, Januar 2012

Joebges, Heike; Volker Meinhardt; Katja Rietzler und Rudolf Zwiener: Auf dem Weg in die Altersarmut. Bilanz der Einführung der kapitalgedeckten Riester-Rente. IMK-Report 73, Düsseldorf, 2012

Krenz, S., W. Nagl und Joachim Ragnitz: Is there a growing risk of old-age poverty in East Germany? Applied Economics Quarterly Supplement 60: 35-50, 2009

Kumpmann, Ingmar, Michael Gühne und Herbert S. Buscher: Armut im Alter – Ursachenanalyse und eine Projektion für das Jahr 2023. Jahrbücher für Nationalökonomie und Statistik, Band 232/1, 61 – 83, 2012

Riedmüller, Barbara und M. Willert: Die Zukunft der Alterssicherung. Analyse und Dokumentation der Datengrundlagen aktueller Rentenpolitik. Gutachten im Auftrag der Hans-Boeckler-Stiftung, 2008

Statistisches Bundesamt, Pressemitteilung Nr. 288, Armutsgefährdung in Ostdeutschland nach wie vor höher, Wiesbaden, 29.08.2013

Werding, Martin: Alterssicherung, Arbeitsmarktdynamik und neue Reformen – Wie das Rentensystem stabilisiert werden kann. Studie der Ruhr-Universität Bochum im Auftrag der Bertelsmann Stiftung, Gütersloh, 2013

White, H.: A Heteroskedasticity-Consistent Covariance Matrix and a Direct Test for Heteroskedasticity. Econometrica 48, S. 817-838, 1980

Wissenschaftlicher Beirat beim Bundesministerium für Wirtschaft und Technologie: Altersarmut. Stellungnahme. Berlin, 2011

Hallesche Studien zu Wirtschaft und Gesellschaft

Herausgegeben von H. Galler, M. Klein, R. Rode, G. Steinmann, W. Thomi, C. Tietje und A. Wenig

Die Halleschen Studien zu Wirtschaft und Gesellschaft sind eine interdisziplinär ausgerichtete Schriftenreihe, deren vorrangiges Ziel in der Veröffentlichung von im Arbeitskontext der Martin-Luther-Universität Halle-Wittenberg entstandenen Forschungsarbeiten besteht. Das Themenspektrum der Schriftenreihe umfasst wirtschafts- und sozialwissenschaftliche Fragestellungen und reflektiert die vielfältigen Fragestellungen und Forschungsansätze der beteiligten Disziplinen.

Band 1 Oliver Dörschuck: Innovationssysteme und Wettbewerb. Das Beispiel Neuseeland. 2004.

Band 2 Thorsten Böhn: Unternehmensbezogene Dienstleister und Wissensnetzwerke. Untersucht am Beispiel regionaler Innovationssysteme in Finnland. 2006.

Band 3 Sebastian Henn: Regionale Cluster in der Nanotechnologie. Entstehung, Eigenschaften, Handlungsempfehlungen. 2006.

Band 4 Claudia Schmidt: Kundenwissen im Innovationsprozess. Eine unternehmens- und raumbezogene Analyse am Beispiel der Regionen Rhein-Neckar-Pfalz und Halle-Leipzig-Dessau. 2007.

Band 5 Walter Thomi (Hrsg.): Betriebliche und unternehmerische Dimensionen des demografischen Wandels. Kleine und mittlere Unternehmen in Sachsen-Anhalt im Spannungsfeld von Fachkräftemangel und neuen Absatzpotentialen. 2014.

www.peterlang.com